善用公司資源

創造
職場競爭力

康昱生，鄭一群 編著

U0078423

不知道！做不到！沒想到！
抱著危險工作態度卻毫無危機意識的你
距離失去工作的日子不遠了

身為社畜，你在上班時間最認真想的事情是什麼？

下班約會

與好友
吃飯

獨飲烈酒
到三更

全都別想啦！把這些不關乎職場的事情先放下吧！

下班的時刻總會來，
吃晚餐的時機總會到，
上班的時候若是能夠專心致志、
全力以赴，說不定哪一天，
成功就會比你渴望的下班更早到！

目錄

目錄

第六章　服從公司的安排

第七章　以團隊的大局為重

目錄

目錄

前言

在人與人的交往中，有一種處理人際關係的思考方式 —— 換位思考。簡單地講，換位思考就是互相寬容、理解，多站在別人的角度上思考。它是一種理解，也是一種關愛，更是人與人交往的基礎。

在工作中，我們也要學會這種換位思考，即站在公司的角度考慮問題。每一名員工都應該從公司的角度考慮問題，創造性地工作，以主角的意識發揮主動性，創造社會價值，展現人生價值，改善自己的生活狀況。

站在公司的角度考慮問題要求我們不要一直想公司能給予我們什麼，而是應該考慮我們能為公司做些什麼。每一名員工都肩負著為公司的發展壯大貢獻力量的使命，只有將自己徹底融入公司，全身心地付出，處處為公司著想，站在公司的角度考慮問題，投入自己的滿腔熱情，懂得「一榮俱榮，一損俱損」的道理，才能與公司共同進步，獲得雙贏。

每一名員工都應該為公司的利益著想，站在公司的角度說話做事，應該像對待家一樣對待你的公司，愛護公司的每一樣物品，時刻維護公司的聲譽。因為，公司的命運將決定你的命運，如果公司興盛，你會得到發展；一旦公司衰敗，你將會失去工作。只要我們隨時站在公司的角度，為公司著想，就能在

前言

為公司帶來利益的同時，讓自己收穫更多利益，更能從激烈的職場競爭中脫穎而出。

工作中，每名員工都要隨時以企業的整體利益為重，而不能片面追求部門利益或個人利益；要急公司之所急，想公司之所想，為公司排憂解難；要經常問一問自己，自己為公司帶來了什麼？自己為公司做出了什麼貢獻？自己為公司創造了多少價值？自己是否比別人做得更好？同樣的，不管是不是你的責任，只要關係到公司的利益，你都應該毫不猶豫地去維護。不要時刻想著自己是在為老闆工作，而應該把自己當成公司的主人。在現實中，很多老闆最看重的也是把公司的事情當成自己事情的人，因為這樣的員工任何時候都敢做敢當，勇於承擔責任。

站在公司的角度考慮問題是一種工作態度，它代表了積極主動、敬業、勤奮等優秀職業精神。這種精神正是一名優秀員工所必須具備的素養。一個隨時站在公司的角度考慮問題的員工才是企業最需要的員工，才是真正優秀的員工。

本書可讀性、啟發性和操作性都非常強，適合員工個人閱讀，也可以作為企業員工培訓教材，相信本書的出版會對企業員工的個人閱讀和培訓大有裨益。

本書在編寫過程中參考和借鑑了大量的資料，在此向原作者表示感激，由於時間倉促，書中難免有不足之處，歡迎讀者批評指正。

第一章　多替公司想一想

　　很多公司的企業理念中都有這樣一句話：「我靠公司生存，公司靠我發展。」一名員工能多為公司想想，不僅是實現自我價值的途徑，也是現代社會的基本道德。因為公司是現代社會的構成細胞，每一名員工的工作，都會對整個社會產生影響。所以，員工要把工作當成自己的事業。

把工作當成自己的事業

工作是人們生命中最重要的組成部分，是人生成功的基礎。身為公司的一員，只有把工作當成自己一生的事業，全身心地投入進去，才能享受到工作帶來的樂趣。

世界首富、美國微軟公司創始人比爾蓋茲（Bill Gates）先生曾說過：「如果只把工作當做一件差事，或者只將目光停留在工作本身，那麼即使是從事你最喜歡的工作，你依然無法持久地保持對工作的熱情。但如果把工作當做一項事業來看待，情況就會完全不同。」的確如此，如果一個人把工作當成一種謀生的手段，甚至看不起自己的工作，就可能會因為工作壓力大、待遇不公、升遷無望等而生出諸多的怨言。於是工作就變得無奈、被動、消極，而且個人感到更多的是痛苦。如果一個人將工作當成自己的事業，他就會因此而迸發出無盡的熱情與活力，他的潛能也會得到最大程度的發揮。在不懈的努力下，業績不斷攀升，每一次小小的進步，都會收穫不小的成就感。繼而信心越來越足，不斷超越自我、追求完美，又會取得更大的突破，自己的職業幸福感也隨之提升。

同樣一件事，把工作當成事業的人則總是力求完美，努力做到最好；而那些不把工作當成事業的人則總是敷衍了事，是出於無奈，不得已而為之。把工作當做職業的人最後可能是一個「能工巧匠」，而把工作當做事業的人才能成為最後的成功者。

有這樣一個小故事：三個工人正在砌一堵牆。有人過來問他們：「你們在做什麼？」

第一個人沒好氣地說：「沒看見我們在砌牆嗎？」

第二個人笑笑說：「我們在蓋一座高樓。」

第三個人邊工作邊哼著小曲兒，滿面笑容地說：「我們正在建設一座新城市。」

同樣的環境，同樣的工作，三個人卻有著如此截然不同的態度。由此，我們可以看出：

第一個人，是被動工作的人。在他的眼裡，工作似乎是一種苦差事。

第二個人，是沒有責任和榮譽感的人。他抱著為薪水而工作的態度，為了工作而工作。

第三個人，是具有高度責任感和創造力的人。在他身上，看不到絲毫的抱怨和不耐煩的痕跡，相反，他把工作當成自己的事業，充分享受著工作的樂趣。

十年後，第一個人依然在砌牆；第二個人在辦公室裡畫藍圖——他成了工程師；第三個人呢，是前兩個人的老闆。

有時候，工作確實很平凡、很枯燥，如果沒有一個正確的工作態度，毫無疑問就會出現許多和第一個、第二個砌磚工人類似的員工。所以，要在平凡的工作中做出不平凡的業績，就需要一個正確的工作態度，就是把平凡的工作當成一種事業。只要從事平凡工作的人把平凡的工作當成一項事業，從中累積

第一章　多替公司想一想

成功的經驗，從而獲取成功的機會，那麼這項平凡的工作會變得不平凡。

德國政治經濟家馬克思・韋伯（Max Webe）認為，有的人之所以願意為工作獻身，是因為他們有一種「天職感」。他們相信自己所從事的工作是神聖事業的一部分，即使是再平凡的工作，也會從中獲得某種人生價值。

工作不僅僅是為了養家糊口，更是實現自我價值的一種方式，為我們提供工作的企業則是我們邁向成功的一個平臺。所以，只有在觀念上真正實現了由職業向事業的提升，我們才能在工作中放開手腳，而不會因為要多做一些工作就怨聲載道，也不會因為偶爾加班就叫苦不迭，更不會因為遇到一些小小的挫折就萬念俱灰。

> 李嘉琪十幾歲就到一家米店去打工。那家米店是在一條偏僻的巷子裡承租的一個小店面，由於創業較晚、規模小，生意一直冷冷清清，門可羅雀。
>
> 因為這家米店資金少，沒辦法做大宗買賣，就只好做零售生意。因為那些地點好的老字號大小米店在批發的同時，也兼做零售，所以很少有人願意到這家偏僻的米店買米。李嘉琪看到這樣的情景，沒有像店中其他員工那樣坐等時機的好轉。他背著米挨家挨戶去推銷，但效果不太好。

那時，農村還處在手工作業狀態，稻穀收割與加工的技術很落後，所以砂粒、小石子之類的雜物很容易摻雜在裡面。一心想做好自己工作的李嘉琪帶領其他店員一起動手，不辭辛苦，不怕麻煩，一點一點地將夾雜在米裡的米糠、砂石之類的雜物揀出來。這樣，他們家米店賣的米品質就要高一個等級，因而受到了顧客的好評，米店的生意也日漸興隆起來。

在米店的生意好轉後，李嘉琪並沒有就此停手。他又想出了主動送貨上門的辦法，這種方便顧客的服務措施，大受顧客歡迎。就這樣，在李嘉琪的努力下，那家米店也在最短時間內成了行業中的佼佼者。而李嘉琪也漸漸成為了米行中的行家。幾年後，李嘉琪經營起了自己的米店。

如果一個人想做一番事業，那就應該把工作當作自己的事業，應該有非做不可的使命感。把自己的職業生涯與工作連繫起來，你就會覺得自己所從事的是一份有價值、有意義的工作，並且從中體會到神聖的使命感和成就感，從而徹底改變渾渾噩噩、得過且過的工作態度。

有一句話說得好，「今天的成就是昨天的累積，明天的成功則賴於今天的努力。」事實上，如果你能夠以對待事業的態度來對待工作中的每一件事，並把它們當成使命，就能發揮出自己的潛力，即使是繁瑣、枯燥的工作，你也能從中感受到價值。在完成使命的同時，你的工作也就真正變成了自己的事業！

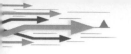

第一章　多替公司想一想

像老闆那樣去思考

許多職場成功人士認為，如果你要想成為什麼樣的人，那麼先要學會用這種人的方式進行思考與行動。比如你在打工的時候夢想著成為一位老闆，你就可以特別注意觀察作為一位老闆是如何思維以及經常有什麼樣的行為，也許有一天你會發現，往昔的觀察與模仿對自己事業的成功是很有啟發與幫助的。

> 張愛芳大學畢業後，在一家公司擔任董事長助理。交接那天，前任助理對她說：「在這裡工作簡直就是浪費時間！」因為助理的任務就是收發公文、做會議紀錄、安排董事長的行程，簡單地說就是打雜。同樣的工作，在不同人的眼中，卻有著天壤之別。張愛芳認為，每天接觸公司的決策文件，可以看出董事長批公文的思路。一場場會議記錄讓她見識到企業如何經營、決策如何產生。她說：「再沒意思的工作，如果用老闆的眼光來看待，就能看出價值所在。」當年那個「逃走」的助理現在不知際遇如何，但張愛芳已經成為一家年盈利超過5,000萬元的公司的老闆。一個初出茅廬的毛頭小女孩，就是因為站在老闆的角度看問題，奠定了她日後的成功。
>
> 阿華是一家紡織出口貿易公司的銷售代表，並以自己的銷售紀錄為豪。曾有幾次，他對老闆說自己如何如何賣力工作，如何勸說一位服裝製造商向公司訂貨。可

是，老闆只是點點頭，淡淡地表示自己。

　　最後，阿華鼓起勇氣，問他的老闆：「我們的業務是銷售紡織品，不是嗎？難道您不喜歡我的客戶？」

　　老闆回答說：「阿華，你把精力放在一個小小的製造商身上，可是他耗費了我們太多的精力。請把注意力放在一次可訂 3,000 份貨物的大客戶身上。」

　　此後，阿華學會了像老闆一樣思考，並站在老闆的角度上去看待問題。他把手中較小的客戶交給一位經紀人，只收取少量的佣金，而把主要精力投入到尋找大客戶上，結果獲得了令人驚訝的銷售業績，為公司創造了更高的利潤。

　　由此可見，當你像老闆那樣去思考問題時，就會激勵自己追逐老闆的目標，處處為老闆著想，考慮企業的成長，考慮企業的費用；就會感覺到企業的事情就是自己的事情，知道什麼是自己應該去做的，什麼是自己不應該做的。這樣一來，你才能很好地解決在工作中遇到的問題，才會把自己的工作做好。反之，你就會得過且過，不負責任，認為自己永遠是打工者，企業的命運與自己無關。

　　像老闆一樣思考是對員工能力的一個較高層次的要求。它要求員工站在老闆的立場和角度上思考、行動，把公司的問題當成自己的問題來解決。它不僅是員工個人能力提升的重要準則，而且是提高企業工作績效的關鍵。

第一章　多替公司想一想

　　美國考克斯有線電視公司有位叫布萊恩·克萊門斯（Brian Clemens）的年輕工程師，他的工作地點在郊區。

　　有一天，布萊恩到一家器材行去購買木料。正當他等待切割木料的時候，無意中聽到有人抱怨考克斯公司的服務很差。那個人越說越起勁，有八九個店員都圍過來聽他講。

　　布萊恩當時正在休假，自己還有事情要做，老婆又在等他回家，對這件事他大可以置若罔聞，只管做自己的事。可是，布萊恩卻走上前去說道：「先生，很抱歉，我聽到了您對這些人說的話。我在考克斯公司工作。你願不願意給我一個機會改善這種狀況？我向您保證，我們公司一定可以解決您的問題。」

　　聽了布萊恩的話，那些人臉上的表情都非常驚訝，因為他當時並沒有穿公司的制服。布萊恩走到公用電話旁，打了個電話回公司，對公司的相關人員說明了情況。公司立即派人到那位顧客家中解決問題，直到顧客滿意為止。後來，布萊恩還多做了一步。他回去上班後，打了個電話給那位顧客，確定顧客對一切都滿意後，還為那位顧客提供了延長兩個禮拜的試用期的優惠，並且為給他造成的不便致歉。

　　布萊恩這種站在老闆立場的行為受到了公司負責人葛培特（Gerbert）的高度讚揚。葛培特號召公司全體員工向布萊恩學習。

在工作中，像老闆一樣去思考、行事，不管是不是你的責任，只要關係到公司的利益，你都應該毫不猶豫地去維護。不要時刻想著自己是在為老闆打工，而應該把自己當成公司的主人。

無論我們從事何種工作，都不應僅僅把自己當做公司的一名員工，而應該把公司當成自己的公司，把自己當成公司的老闆，像老闆一樣思考，這是你最好的成功之路。

高標準要求自己

在當今飛速發展的社會裡，公司的每名員工都要保持進步，這樣才能順利完成公司賦予的使命。那麼，如何保持進步呢？簡單來說，就是用高標準要求自己。許多優秀的員工常常捫心自問：「怎樣才能做得更好？」具有這樣的問題觀念，自然能夠了解自己所欠缺的、不足的方面。看起來質疑自己的工作並不難，但大多數員工並沒有這樣做。

一位老闆在他的回憶錄中寫道：「事實上往往有些員工接到指令後就去執行。他們需要老闆具體而細緻地說明每一個專案，完全不去思考任務本身的意義，以及可以發展到什麼程度。

我認為這種員工是不會有出息的，因為他們不知道思考能力對於人的發展是多麼重要。……不思進取的人從接到指令的那一刻開始，就感到厭倦，他們不願動半點腦筋，最好是能像電腦一樣，輸入了程式就不用思考把工作完成。」

所以，不斷思考和改進是你必須要做的事。在對既有工作流

第一章　多替公司想一想

程尋求改變以前，必須先努力了解既有的工作流程，以及這樣做的原因。然後質疑既有的工作方法，思考能否做進一步的改善。

　　一個人成功與否在於他是否做任何事都力求最好。成功者無論從事什麼樣的工作，都絕不會輕率疏忽。因此，我們在工作中就應該用高標準要求自己，能做到最好，就必須做到最好。這樣，對於老闆來說，你才是最有價值的員工。

> 　　有個剛剛進入公司的年輕人自認為專業能力很強。有一天，他的老闆直接交給他一項任務 —— 為一家知名公司做一個廣告企劃方案。
>
> 　　這個年輕人見是老闆親自交代的，不敢怠慢，認認真真地做了半個月。半個月後，他來到老闆的辦公室，恭恭敬敬地把這個方案放在老闆的桌子上。誰知，老闆看都沒看，只說了一句話：「這是你能做的最好的方案嗎？」年輕人一怔，沒敢回答。老闆輕輕地把方案推給年輕人。年輕人什麼也沒說，拿起方案，走回自己的辦公室。
>
> 　　年輕人苦思冥想了好幾天，對方案進行修改後交給了老闆。老闆還是那句話：「這是你能做的最好的方案嗎？」年輕人心中忐忑不安，不敢給予肯定的答覆。於是老闆還是讓他拿回去修改。
>
> 　　這樣反覆進行了四五次，年輕人最後一次交上方案的時候，信心百倍地說：「是的，我認為這是最好的方案。」老闆微笑著說：「好，這個方案批准通過。」

　　透過這件事，年輕人明白了一個道理，只有持續不斷地改進，工作才能做好。從此以後，在工作中他經常自問：「這是我能做的最好的方案嗎？」然後再不斷進行改善。不久，他就成了公司不可或缺的一員，老闆對他的工作非常滿意。後來這個年輕人被提拔為部門主管，他領導的團隊業績一直很好。

　　由此可見，工作做完了，並不代表不可以再有改進。在滿意的成績中，仍抱著客觀的態度找出毛病，發掘未挖掘出的潛力，創造出最佳業績，這才是優秀員工的表現。

我能為公司做什麼

　　「不要問國家為你們做了什麼，而要問你們為國家做了什麼？」這是美國總統約翰·甘迺迪（John Fitzgerald Kennedy）在他的就職演說中說的，意思是說不能總是要求你要得到什麼，而要看你能給予什麼。同樣的道理，我們身為公司的一名員工，首先也要看自己為公司做了多少工作，為公司創造了多少效益，而不能只是一味地向公司提出要求，更不能在工作中只顧索取不願奉獻，過於計較個人的利益而不顧公司的利益。

　　當今社會在不斷發展，公司也一樣，身為職員，你的工作範圍也在不斷地擴大。不要總是以「這不是我的義務」為理由來逃避責任。當你為公司多付出一點時，其實，你的發展機會也平添了一分。

第一章　多替公司想一想

　　保羅起初為李斯特工作時，職務很低，但現在卻已經成為李斯特先生的左膀右臂，擔任其下屬公司的總經理。保羅之所以能如此快速地升遷，祕密就在於「為公司多付出一點」。

　　「在為李斯特先生工作之初，我就注意到，每天下班後，所有的人都回家了。李斯特先生仍然會留在辦公室裡繼續工作到很晚。因此，我決定下班後也留在辦公室裡。是的，的確沒有人要求我一定要這麼做，但我認為自己應該留下來，在需要時為李斯特先生提供一些幫助。」

　　「像工作中找檔案或列印資料等事情，起初都是李斯特先生自己親自做。但是到了後來，他發現下班後我也待在公司，準備隨時聽候他的吩咐，就這樣，我幫助他做些這類日常工作……」

　　李斯特先生為什麼會養成召喚保羅的習慣呢？因為保羅主動留在辦公室，使李斯特先生隨時可以看到他，並且他誠心誠意地為李斯特先生服務。這樣做獲得了報酬嗎？沒有。但是他獲得了更多的機會，使自己贏得老闆的關心，最終獲得了升遷。所以說，「為公司多付出一點」的工作態度能使你的工作逐漸變得更加出色而從競爭中脫穎而出，你的老闆也會因此而更加關心你、依賴你，從而給你更多的機會。

我能為公司做什麼

　　為公司多付出一點，也許會占用你一些休息時間，但是，你的工作會獲得很大的不同，因為你會比別人累積更多的東西，如經驗、技能、工作效率等等。更為重要的是，你的行為會使你贏得良好的聲譽，並增加老闆對你的器重和賞識。

> 　　詹姆斯是一家公司的員工。他升遷非常迅速，一再得到提拔的原因是他樂意去做自己分外的事，從而引起了老闆的注意。
>
> 　　詹姆斯總是在忙完自己的工作後，不斷地為他人提供服務和幫助，不管那個人是他的同事還是上司。詹姆斯將那些分外的工作，也當做自己的事來做，任勞任怨，不計報酬。漸漸地，老闆有了找詹姆斯幫一個小忙或分擔一些重要工作的習慣。
>
> 　　雖然多做一些工作占用了他的私人時間，並且還沒有任何報酬，但是從這種分外的工作中，詹姆斯獲得了更多的學習機會，並很快得到老闆的青睞，最終獲得了升遷。

　　由此可見，你要想使自己的職位和能力得到提升，多做一點是最好的辦法。如果你在做分內事的同時為公司多做一點，不但能顯示你勤奮的美德，還能提高你的工作技巧與能力，使你具有更強大的生存能力。因此，對每一位員工來說，都應該多想想，「我能為公司做些什麼」，盡自己最大的努力，為公司多做一些事情。

第一章　多替公司想一想

不要只為薪水而工作

　　一位著名的企業家說過這樣一句話:「我的員工中最可悲也最可憐的一種人就是那些只想獲得薪水,對其他一無所知的人。」

　　在選擇職業時,如果一個人認為在這份工作上獲得的只是老闆支付給他的薪水,而沒有比薪水更有吸收力的東西,那麼他必定是一個失敗者。成功者的經驗表明:薪水不可能成為一個人選擇工作的動機,還應該有更高層次的選擇職業動力,即個人工作的前景。也許很多人都明白這個道理,但他們卻常常陷入這樣的盲點:薪水低的工作再有發展瞧也不瞧一眼,薪水高的工作沒有發展也往前衝。

　　前哈佛大學校長德瑞克‧伯克(Derek Bok)對這個話題所發表的個人見解值得求職選擇職業者品味。他對哈佛的年輕人說:「不要計較你開始上班時老闆支付給你的薪資,你應該看到從薪資背後所得到的東西。你會提升自己的工作技能,你可以累積更多的工作經驗,你可以發現並發揮自己的潛能等等,而這一切都是寶貴的無形資產。」

　　為了薪水而工作,只是人們最低層次的需求;而每個人都有自我價值實現的渴望和要求。對於職場中的人來說,工作是他們實現自我價值的一個很好的途徑。因而,工作不僅僅是為了薪水,職場人應該弄清楚這個道理。

不要只為薪水而工作

工作是人生的一種需求，工作絕不只是為了薪水。如果一個人只是為了薪水而工作，那麼他不僅會失去工作的樂趣，也往往會失去更為重要的東西。

薪水僅僅是工作報酬方式的一種，是最直接的。為薪水而工作是最沒有長遠目光的，不是一種明智的人生選擇。沒有長期的打算，結果受害最深的往往是自己。

這是一個炎熱夏日的午後，一群工人正在鐵路的路基上工作。這時，一列火車從遠處緩緩地開過來，所有的人都不得不放下工具。火車停下來後，最後一節特別裝有空調裝備的車廂的窗戶忽然打開了。一個友善的聲音從裡面傳出來：「傑克，是你嗎？」這群人的隊長傑克回答說：「是的，麥克，能看到你真高興。」寒暄幾句後，傑克就被鐵路公司的董事長麥克邀請上火車了。這兩個人經過一個多小時的閒聊後，握手話別。

火車開走後，這群工人立刻包圍了傑克，他們都對傑克居然是鐵路公司董事長的朋友而感到驚訝。傑克解釋說，20 年前他與麥克在同一天開始為鐵路公司工作。

有一個工友半開玩笑地問傑克：「為什麼麥克現在成了董事長，而你卻還要在大太陽下工作？」傑克說了一句意味深長的話：「20 年前我為每小時 1.75 美元的薪資而工作，而麥克卻為鐵路事業而工作。」

第一章　多替公司想一想

　　傑克的話說出了造成兩個人境遇相差得如此遙遠的原因：為薪水而工作與為事業而工作，其效果是截然不同的。一個以薪水為奮鬥目標的人是無法走出平庸的生活模式的。

　　如果一個人只為薪水而工作，那麼他工作起來也就沒有了主動參與的積極性，他將會成為一個不幸的人，受害最深的不是別人，而是他自己。雖然薪水應該成為選擇職業者考慮的一個重要因素，但是，你更應該看到薪水後面所隱藏的東西，那才是你選擇職業的第一目的。

　　有一天，一位年輕的報社記者去採訪日本著名的企業家松下幸之助。年輕人很珍惜這次採訪機會，做了認真的準備。因此，他與松下幸之助先生談得很愉快。採訪結束後，松下先生親切地問這個年輕人的月薪是多少，年輕人不好意思地回答說：「薪水很少，一個月才1萬日元。」

　　松下先生微笑著對年輕人說：「你的薪水遠遠不只1萬日元。」

　　年輕人聽後，心裡感到有些奇怪：「不對呀，明明我每個月的薪水只有1萬日元，但松下先生為什麼會說不只1萬日元呢？」

　　看到年輕人一臉的疑惑，松下先生接著說：「你今天能爭取到採訪我的機會，明天也就同樣能爭取到採訪其

26

他名人的機會，這就證明你在採訪方面有一定的潛力。如果你能多累積這方面的才能與經驗，這就像是在銀行存錢一樣，錢存進了銀行是會生利息的，而你的才能也會在社會的銀行裡生利息，將來能連本帶利地還給你。」

可見，相對於薪水來說，知識、經驗和工作技巧對於一個人的成長更重要。薪水是對我們現有能力和價值的認可，是我們現有價值的兌現，而能力的累積則可以使我們未來的價值增值。但現實生活中，許多人不懂這個道理，他們在選擇工作的時候，通常都會問一些十分現實的問題，比如薪資多少、工作時間的長短、有哪些福利、假期多少和何時加薪等，而其中最為重要的一個因素，有許多人都忽略了「我為何要去工作？是為薪水，還是為了培養自己的能力？」

你在從事一種職業時，應該想到，那是自己的職業，你是在為自己而工作。當然，薪水的數目，對你來說多多益善，但你應該時刻記住，這是一個很小的問題。你在從事該職業時，就獲得了一個深入了解那個職業的詳情及接觸其中人物的機會；得到了一個吸取關於那個職業的知識，且與你的前途很有關係的知識的機會。

所以，在選擇職業的時候，你千萬要告誡自己：我並不是為這份薪水而選擇這份工作，而是因為眼前的這份工作能為我今後的發展奠定扎實的基礎。這份工作能使我獲得真正的無價

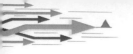

之寶 —— 接受到新的知識，培養自己的能力，展現自己的才華。在你未來的資產中，它們的價值遠遠超過了你現在所累積的貨幣資產，因為它們是可以創造資產的資產。

與其抱怨，不如改變

　　生活中，我們常常可以聽到這樣的抱怨：「我只拿這點錢，憑什麼去做那麼多工作。」「我為公司工作，公司付我一份報酬，等價交換而已。」「工作嘛，又不是為自己做，說得過去就行了。」……許多人可能會覺得這些似曾相識的言辭，好像剛剛還有人在耳邊講過，聽得多了，甚至自己還在心中有一絲絲的認同。而這種「我不過是在為老闆工作」的想法具有很強的代表性。殊不知，恰恰就是這樣的句句牢騷、種種想法，使我們喪失了工作的活力與熱情，收回了邁向優秀與傑出的步伐，逐漸地歸於平庸了。

　　　　約翰是一個有志青年，但他卻總覺老闆對自己不重視，懷才不遇，很不滿意自己的工作。他憤憤不平地對朋友說：「我的老闆不把我放在眼裡，改天我要對他拍桌子，然後辭職不做了。」
　　　　朋友問他：「你對自己工作的那家貿易公司的運作流程完全弄清楚了嗎？對他們做國際貿易的竅門完全掌握了嗎？」

約翰搖了搖頭，不解地望著朋友。

朋友建議道：「君子報仇十年不晚。我建議你把商業文書和公司組織完全搞懂，甚至連怎麼修理影印機的小故障都學會，然後再辭職不做。」

看著約翰一臉迷惑的神情，朋友解釋道：「公司是免費學習的地方，你什麼經驗都掌握之後，再一走了之，不是既出了氣，又有許多收穫嗎？」

約翰聽了朋友的建議，從此便默學偷記，甚至下班之後，還留在辦公室研究寫商業文書的方法。

一年之後，那位朋友偶然遇到約翰，便問他：「你現在還打算拍桌子不做了嗎？」

「我發現近半年來，老闆對我刮目相看，最近更是不斷給我加薪，並對我委以重任，我已經成為公司的紅人了。所以我現在不想辭職了。」

「這是我早就料到的！」他的朋友笑著說，「當初你的老闆不重視你，是因為你的能力不足，卻又不努力學習；而後你痛下苦功，透過努力學習以後，工作能力不斷提高，當然會令他對你刮目相看。」

由此可見，與其抱怨老闆的不重視，不如反省自己，不斷提高自身的能力。

職場中有些人，不去學習、提升自己的能力，而總是覺得懷才不遇，抱怨公司、老闆對自己不夠重視。實際上，問題出

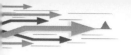

第一章　多替公司想一想

在自身，你不養成學習的習慣，不提升自己的工作能力，老闆怎麼會青睞你呢？

如果你想改變不被老闆賞識的現狀，獲得提升的機會，抱怨是無濟於事的；相反，除非你革除了抱怨這種壞習慣，否則終其一生都不會真正成功。然而，要摒棄抱怨、不思改善的習慣，卻不是件容易的事。你必須認真對待自己的工作，明確自己在工作中應負的責任，透過不斷地努力而取得進步。只有這樣，你才能達到改善的目的，享受到成功的果實。

> 布魯斯原本是一位很有前途的身心科醫師。剛剛進入這一行業的時候，他像其他年輕人一樣充滿了雄心壯志。但是在這個職位上工作了兩年後，布魯斯開始變得憤世嫉俗，甚至比前來諮詢的病人更加滿懷負面的情緒。他覺得老闆給自己的薪水過低，覺得老闆不重用自己，因為對他多次提交的升遷報告老闆一次都沒有回覆過。
>
> 而真實的情況是，老闆決定在下半年的會議上宣布提升布魯斯為主治醫生一事。然而布魯斯並沒有了解上司對他的期望，也沒有兢兢業業地做事。他總是抱怨說：「再做下去一點意思也沒有了。從早到晚我都在面對病人的抱怨，腦袋都要爆炸了，恨不得找個地方躲起來。患者究竟要治療到何種地步竟然是一群外行在制定標準，他們對治療一竅不通，但我們卻不得不遵守他們的標準。」

　　天下沒有不透風的牆，布魯斯的這些牢騷很快便傳到了老闆的耳朵裡。老闆對布魯斯的表現感到非常失望。一直以來，老闆就對布魯斯抱有很高的期望——事實上，布魯斯的情況老闆不是沒有看到，只是老闆認為，布魯斯過於年輕，需要接受基層業務的扎實訓練。但是，老闆在聽到布魯斯的抱怨和牢騷之後，便打消了盡快晉升布魯斯的想法。布魯斯在再次得知沒有晉升的消息時，徹底變成了一個典型的工作倦怠者，最終不得不辭去這個職位。

　　世界上沒有十全十美的工作，與其抱怨，不如改變心態。命運不會因為抱怨而改變。要想改變自己的命運，首先就應該努力工作，不應該抱怨。

　　不抱怨是一種工作態度，是一種境界，心中沒有抱怨，眼中便沒有困難。陽光不僅是大自然的恩惠，也是你自己可以賜予的。只要撥開心頭那片抱怨的烏雲，你就會充滿熱情和力量。沒有抱怨，你一定會成功；沒有抱怨，你就是最優秀的員工！

第一章　多替公司想一想

設身處地為老闆著想

在工作中，我們經常需要換位思考，即站在別人處理問題的立場和出發點去考慮問題，這對於營造自己的工作環境是極其有用的。

在職場中，有的員工經常因為與上司出現意見分歧，而與老闆產生隔閡，甚至導致彼此間發生不可調和的矛盾。這樣的員工最後不是負氣走人，就是被公司解僱。同一件事情，因為考慮的出發點不同，自然會產生不同的看法。在公司裡，老闆與員工是站在不同位置的人，這就決定了他們考慮問題的出發點不同，也就是說思考的角度不同，所以往往會產生不同的意見。

老闆和員工在公司中的地位是不對等的，這是事實，其實原因是各自所承擔的風險和責任不同。就員工來說，其最大風險是失去工作，但仍可以另謀高就；而就老闆來說，其最大的風險是公司破產。兩者的代價是不可同日而語的。所以，從某種意義上講，員工應該體諒老闆：老闆並不容易！

進入職場後，我們不能僅考慮自己的利益，而應該多考慮企業的利益。企業的利益、老闆的利益和員工的利益是緊密相關的，所以，要堅持站在企業、老闆的立場上進行思考，並把個人的前途和企業的前途、老闆的利益結合起來一併考慮，這樣才會盡快取得效益最大化，實現企業、老闆、個人的「共贏」。

我們常說，要體諒員工的難處，很少有人說要體諒老闆的

難處。因為在人們的觀念中，老闆就是權力的象徵，擁有權力的人難道還能有難處嗎？權力帶給老闆的好處確實多得毋庸贅言：大到公司的決策，小到工作的瑣事，無不展現著權力的威嚴。但事實上，老闆也確實有一些員工們所沒有遇到過的困難。

當站在老闆的角度看問題時，你就會發現老闆並不是企業內權力最大、做事最少、可有可無的人，其實老闆和我們一樣，也在為公司的發展辛苦地忙碌著。「老闆」這兩個字不僅代表著風光與榮耀，也意味著責任與風險。當你在為公司辛苦奔波，揮汗如雨的時候，老闆也在為規劃企業遠景、制定發展策略、選人用人等問題苦苦思索，竭盡全力。

與老闆相處也一樣，如果你設身處地地為老闆著想，站在老闆的角度看問題，許多問題就會迎刃而解。當你了解老闆喜歡怎樣的員工，需要怎樣的工作態度、能力水準、性格脾氣，當你了解了老闆的工作方式、領導風格、價值標準，然後再針對性地進行溝通，這樣就很容易和老闆相處。如有的老闆注重結果，你彙報工作時就不要事無鉅細，只要把結果告訴他就行了；而有的老闆則注重控制管理，那你在彙報工作時就不要「粗枝大葉」，而要做到把工作的前因後果說清，多一些邏輯方式。

> 吳麗雯是某公司銷售部的祕書。在一次幹部調整後，她所在的部門調來了一位新的業務經理。這位新來的經理看起來有些不隨和。同事都在議論，說他沒有原

第一章　多替公司想一想

來的經理好。身為公司中的一員，吳麗雯也有這種議論的權利，但是她卻沒有參與議論。雖然她和原來的經理關係不錯，但是她知道，以後她將要面對新的經理，這位新上任的經理將是和自己一起工作、決定自己未來職場命運的人。

在一次銷售會議上，新經理提出了一個方案，立刻遭到幾名老員工的反對，他們都說原來經理的方案如何合理，如何讓人心服。此時，只有吳麗雯沒有參與發言和討論。新來的經理看了一眼吳麗雯，不動聲色地問：「吳祕書，你認為呢？」吳麗雯一下被問住了。她左右為難，一邊面對的是同事，一邊面對的是經理，不管她怎麼回答，都會得罪其中的一方。這個時候，吳麗雯突然想到，原來的經理對她說過的一句話：「不管什麼時候，都要站在上司的角度上分析和考慮問題，這是職場制勝的法寶！」

吳麗雯沉住氣，微笑著說：「其實，我覺得不管是原來經理的方案，還是現任經理的方案，都是為我們大家著想，為公司的發展著想。只是兩個人的出發點不同。」於是，吳麗雯仔細分析了兩位經理的不同出發點，然後針對公司的情況進行總結，分析出新經理措施的優點和缺陷。最後她又自我批評地說：「身為一名祕書，我覺得這是我的失職，我沒有很好地向新來的經理說明公司的情況，讓

他迅速地了解公司狀況。」新來的經理聽了吳麗雯的話，臉上露出了笑容。同事們也暗暗稱讚她處理得得當。

　　一般人只會站在自己的立場上與老闆糾纏，怎麼也想不通老闆的意見為什麼會有道理。其實，只有站在老闆的角度看問題，你才會更容易認清自己的錯誤，接受老闆的意見，而不至於與老闆「為敵」。在工作中，你不學會用老闆的眼光看企業、看管理、看問題，就必然會偏離老闆的視角，給企業的發展、給自己的升遷帶來麻煩。因此，了解老闆的視角，站在老闆的角度看問題，對每名員工來說都非常重要。

第一章　多替公司想一想

第二章　做公司需要的員工

在當今這個不斷進步和發展的時代，如果一個人能夠緊跟時代和企業需要的步伐，用事實來證明自己的優秀與稱職，成為企業所需要的優秀員工，那麼，他將永遠不會失業。

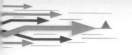

第二章　做公司需要的員工

不斷學習，讓自己成為公司發展的動力

在競爭日益激烈的職場中，什麼樣的員工才能恆久立於「不敗之地」？答案可能會有多種。但我們可以肯定的是，善於透過不斷學習提升自己能力的員工，在職場激烈的競爭中一定具有明顯的優勢。

王大明大學畢業後，在一個建築工地上做苦力工。由於他有些學歷基礎，經理有意讓他到後勤做一些預算工作。但後勤是固定薪資，雖然收入穩定，但薪資卻不高，王大明就請經理把他安排在一個賺錢多點的職位上。在工作期間，王大明邊工作邊學習，不恥下問，很勤快，對任何不懂的方面都向懂相關知識的師傅請教。虛心學習使他在一年多的時間裡掌握了幾種主要建築工程必備的技術。王大明還利用那點有限的休息時間，購買了一些與建築設計、構圖識圖等有關書籍資料，開始在蚊子多、燈光暗的工棚裡學習。

一年後，王大明基本掌握了基建的各種操作技術和原理，漸漸由一個技術員提升為副理。由於他好學肯做，並具有扎實的文化功底，公司試著讓他做一些小專案。由於措施得當和管理到位，王大明的每個專案都完成得非常出色。在這期間，王大明仍然沒有放棄學習，自修了哈佛管理學中的系列教程，還選學了一些和建築有關的學科，準備參加自學考試，完善自我。

不斷學習，讓自己成為公司發展的動力

> 第三年，公司成立分公司，在競選分公司經理時，王大明以優秀的成績競選成功，準備好在這個行業一展宏圖、建功立業。現在王大明已經是一個擁有近千名員工的工程公司的經理了，但他仍在遠端教育網路進修與業務相關的課程。

由此可以看出，職業生涯本身就是一個不斷深造、不斷累積、不斷提升的過程。如果不學習，不接受新事物，不用最新出現的知識、技術加強自己，當新的技術普遍運用時，你就有可能最先被淘汰掉。職場上的任何一個人，要想在日新月異的行業中求得發展，求得生存，就必須主動地更新自己的知識結構，掌握最新的知識、技術，給自己職業的發展補充新鮮的知識。

西方白領階層流行這樣一條知識折舊定律：「一年不學習，你所擁有的全部知識就會折舊 80%。你今天不懂的東西，到明天早晨可能就過時了。現在有關這個世界的絕大多數觀念，也許在不到兩年的時間裡，將成為永遠的過去。」的確如此。在資訊社會，知識是要經常更新的，這對一名企業員工來說十分重要。你只有不斷地在學習中提升自己，才能高效地工作，才有可能取得成功。

> 阿成是一家公司的一名普通管理人員。他善於不斷地提升自己。每當出差時，他總是隨身帶些讀物，如：電子書、袖珍書本、函授學校中的講義等，在火車、飛機

第二章 做公司需要的員工

上閱讀。阿成善於利用一般人所浪費的零星的時間來使自己取得進步，就這樣，他的知識越來越豐富。阿成把從書本中學到的知識運用於管理工作中，有效地提高了自己的管理能力。如今，他已經是這家公司的總經理了。

社會競爭日趨激烈，生活情形日益複雜，所以你必須具備豐富的學識，接受充分的教育訓練，來應對社會生活的變化。如果你安於現狀，不思進取，就不能使自己的命運向更好的方向發展。在當今社會中，任何人都不能滿足現狀，只有勤奮努力，才能適應社會生活，實現職場目標。

時代不同，要求也不盡相同。過去一個人只要學會一技之長就可以終生享用，現在就不行了。今天還在應用的某項技術，明天可能就過時了。知識、技術更新換代的速度讓人目不暇接，要使自己能夠跟上時代發展的步伐，就要不斷地學習。只有不斷地學習，才能適應新環境，勝任新工作。

這是美國東部一所大學期終考試的最後一天。在教學樓的臺階上，一群工程學高年級的學生擠做一團，正在討論幾分鐘後就要開始的考試，他們的臉上充滿了自信。這是他們參加畢業典禮和工作之前的最後一次考試了。

一些人在談論他們現在已經找到的工作；另一些人則談論他們將會得到的工作。帶著經過四年的大學學習所獲得的自信，他們感覺自己已經準備好了，並且能夠

征服整個世界。

他們知道，這場即將到來的考試將會很快結束，因為教授說過，他們可以帶自己想帶的任何書或筆記。要求只有一個，就是他們不能在考試的時候交頭接耳。

他們興高采烈地衝進教室。教授把試卷分發下去。當學生們注意到只有五道評論類型的問題時，臉上的笑容更加生動了。

三個小時過去了，教授開始收試卷。學生們看起來不再自信了，他們的臉上是一種恐懼的表情。沒有一個人說話。教授手裡拿著試卷，面對著整個班級。

他俯視著眼前那一張張焦急的臉孔，然後問道：「完成五道題目的有多少人？」沒有一隻手舉起來。「完成四道題的有多少？」仍然沒有人舉手。「三道題？」學生們開始有些不安，在座位上扭來扭去。「那一道題呢？」整個教室仍然很沉默。

「這正是我期望得到的結果。」教授說，「我只想給你們留下一個深刻的印象，即使你們已經完成了四年的工程學習，關於這項科目仍然有很多的知識你們還不知道。這些你們不能回答的問題是與每天的普通生活實踐相連繫的。」然後他又微笑著補充道：「你們都會通過這個課程，但是記住 —— 即使你們現在已是大學畢業生了，你們的學習仍然還只是剛剛開始。」

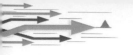

第二章　做公司需要的員工

　　由此可見，學無止境。無論在何時何地，每一個現代人都要不斷地學習。教育家艾文‧托佛勒（Alvin Toffler）曾說：「在這個偉大的時代，文盲不是不能讀和寫的人，而是不能學、無法拋棄陋習和不願重新再學的人。」只有那些隨時充實自己，為自己奠定雄厚基礎的人才能在激烈競爭的環境中生存下去。

　　未來職場的競爭是工作能力的競爭、知識與專業技能的競爭，一個人只有善於學習，他的前途才會一片光明。所以，學習應該成為每一名員工的終身目標和不竭動力。無論你處在職業生涯的哪個階段，學習的腳步都不能稍有停歇。

做一個有進取心的員工

　　進取心是我們取得成功的關鍵因素。如果一個人具有進取心，證明他具備常人所沒有的能力。有了進取心，他就會在生活與工作中充滿熱情，才會更有可能先於他人抵達成功的彼岸。

　　美國著名學者奧里森‧馬登（Orison Marden）曾說過：「進取心激發了人們抗爭命運的力量，它來自天堂，是完成崇高使命和創造偉大成就的動力，激勵著人們向自己的目標前進。進取心最終會成為一種偉大的激勵力量，會使我們的人生更加崇高。」擁有進取心的人能夠不安於現狀，不甘心落後，積極進取，最終打開成功之門。有人研究了美國最成功的 500 個人的生平，結果發現，這些人的成功故事中都有一個不可缺少的

元素，這就是強烈的進取心。這些人雖然屢遭失敗但仍舊十分努力。在他們看來，只有能克服不可思議的障礙及巨大失望的人，才能獲得巨大的成功。

奧格·曼狄諾（Augustine Og Mandino II）是當今世界上最能激發讀者閱讀熱情和自學精神的作家之一。他出生於美國東部的一個平民家庭。在28歲以前，他曾有一個美滿的生活。但是後來，他遭遇到了人生的不幸，失去了自己一切寶貴的束西——家庭、房子和工作，幾乎赤貧如洗。於是，他如盲人騎瞎馬，開始到處流浪，尋找自己、尋找賴以度日的種種答案。一次偶然的機會，他認識了一位受人尊敬的神父。也許是由於他蒼白的臉龐和憂鬱的眼神，神父與他展開了交談，並解答了他提出的許多人生困惑。臨走的時候，神父送給他12本書，讓他從中找到了做人的道理。

從此，奧格·曼狄諾找到了自己的生活熱情和勇氣。在以後的日子裡，他賣過報紙、推銷過產品、當過銷售經理……在這條他所選擇的道路上，充滿了機遇，也滿含著辛酸。不過，他已戰勝了自己，因為他擁有了一種進取的力量。他認為一個人要想做成大事，絕不能缺少進取的力量，進取的力量能夠驅動人不停地提升自己的能力，把成大事者的天梯搬到自己的腳下。

在這種力量的驅使下，奧格·曼狄諾終於在35歲生

第二章　做公司需要的員工

日那天，創辦了自己的企業 —— 雜誌社，從此步入了富足、健康、快樂的樂園，並在 44 歲的時候出版了《世界上最偉大的推銷員》(The Greatest Salesman In the World) 一書。該書一經問世，不同國籍、不同階層的數以百萬計的讀者信任並感激奧格‧曼狄諾，他們在書裡發現了擺脫苦難的魔力，找到了照耀幸福的火炬，並因此改變了自己生活的軌跡。事後，有人問曼狄諾是什麼讓他走向成功？他斬釘截鐵地回答說：「因為我的身上有一股進取的力量，這股力量的來源就是我有一顆進取心。」

可見，有進取心是一個人成功最重要的因素之一，是一個人不斷成長、不斷取得新成績的直接動力。沒有進取心，就很難產生成功的動力，成功就少了支點。

布魯金斯學會創建於 1927 年，以培養世界最傑出的銷售員而著稱於世。它有一個傳統，在每期學員畢業時，都設計一道最能展現銷售員能力的實習題，讓學生去完成。

1975 年，布魯金斯學會設計的題目是讓學生將一個微型的答錄機銷售給當時的美國總統理查‧尼克森 (Richard Milhous Nixon)，這個學會的一名學員成功了。柯林頓 (William Jefferson Clinton) 當總統的 8 年間，學會曾設計過一個題目，是讓學員將一條三角褲頭銷售給柯林頓總統，但是 8 年過去了，無一人銷售成功。小

布希（Bush Junior）當上總統之後，學會給學生的命題為：請你把一把斧頭銷售給布希總統。

實際上，作為美國總統，布希什麼也不缺，他要一把斧頭做什麼？即使說他需要斧頭，也不需要他親自去購買；退一步說，就是他親自去買了，也不一定會碰上這個學會的學員。因而，要完成這個題目應該說是大海撈針——幾乎不可能。

可是，有一位名叫喬治·赫伯特的學員，並不認為這個題目有多麼難。他首先對完成這個題目充滿自信，相信自己一定能夠成功。而後圍繞著斧頭和布希總統的關係進行了一番詳細的調查研究，得知布希總統在德克薩斯州有一座農場，農場裡面長著許多樹木，這些樹木確實需要修剪。緊接著他就給布希總統寫信，闡明總統需要買一把斧頭的理由。布希總統接信後，也認為是這樣，確實有必要買一把斧頭，一來對樹木進行修剪，二來可以鍛鍊身體，經常到林子裡呼吸一下新鮮空氣，三則可以調節一下總統繁忙的生活。於是總統立即給這位學生寄去了 15 美元，買回了一把斧頭。

喬治·赫伯特成功後，布魯金斯學會獎給了他一雙上面刻有「最偉大的銷售員」的金靴子，並在表彰他的時候說：「金靴獎已設置了 26 年。26 年間，布魯金斯學會培養了數以萬計的銷售員，造就了數以萬計的百萬富

45

翁。這只金靴之所以沒有授予他們，是因為我們一直想尋找這樣一個人 —— 這個人從不因有人說某一目標不能實現而放棄，從不因某件事情難以辦到而失去進取心。」

進取心是一種偉大的激勵力量。一個人一旦形成這種不斷進取的心態，始終向著更高、更好的目標前進，就會不斷激發自身的潛能，不斷進取，使人生更加崇高。

對一個有進取心的員工來說，這個世界上不存在「不可能完成的事情」。不斷挑戰極限是每名有進取心的員工的樂趣，只有超乎常人的困境才會讓他們從中得到鍛鍊。擁有向「不可能完成的事」挑戰的精神，是獲得成功的基礎。

掌握扎實的本領

在某個領域裡，你能掌握扎實的本領，以專家的水準面對每一件事情與每一道難題，那絕對是一件妙不可言的事情，這會讓你的事業飛黃騰達。

法國一家工廠的電機突然間壞了，頓時停電了。一大幫技術人員圍著電機團團轉，儘管使盡了渾身解數，仍未能找出電機出了什麼問題。正當廠長打算另請高明時，電機組有一名基層員工毛遂自薦。

這是一個身材瘦弱矮小的年輕人，臉上還帶著稚氣

未脫的神色，身上穿著沾滿油漬的工作服。他用一種請求但很懇切的語氣對廠長說：「我可不可以試試？」

這個年輕人剛來廠裡不到一年，平時悶著頭工作，很少說話。大家都有些瞧不起他，懷疑他的能力，廠長也帶著一種懷疑的口吻問道：「你幾天能修好？」

這位矮個子員工想了想，說：「三天時間吧。」廠長問他用什麼工具，他說只用一把小鐵鎚、一支粉筆就行了。

第一天白天，他圍著電機觀察，這裡看看，那裡敲敲；晚上，他就睡在電機房。到了第三天，人們見他還不拆電機，更加懷疑他的能力了。

一位跟他最要好的朋友對他說：「修不了就趕緊放手吧！」

可是他笑著說：「別著急，今晚就可見分曉。」

當天晚上，他讓人們搬來梯子，然後自己爬到電機頂上，用粉筆在外機殼上畫了一條線，說：「此處燒壞線圈 13 圈。」

技術人員半信半疑地拆開一看，果然如此。電機很快就修好了，並恢復了正常運行。

有人對此相當不解，問他為什麼會做到如此神奇。他神祕地答道：「精通，精通能讓你解決一切問題！」

廠長覺得他是一個難得的人才，如果把他調到技術

部一定會有用武之地。於是決定獎勵他 5,000 元獎金，並從原職位升任技術部顧問。

在這家工廠不只是他一個人，還有很多人被破格錄用，他們都是自己所在領域的頂級專家，能為企業減少開支，增加效益。

由此可見，無論你從事什麼職業，都應該精通它，下決心掌握自己職業領域的所有問題，比別人做得更加出色。如果你是工作方面的行家高手，精通自己的全部業務，就能贏得良好的聲譽，也就擁有了成功的祕密武器。

這是關於三位在同一家廣告公司工作的文案企劃人的故事：

這三位文案企劃人各自接到了為同一家房地產公司新開房地產企劃廣告文案的任務。接到任務後，他們馬上開始搜集資訊、尋找靈感，以求得到最好的創意。

第一位文案企劃人在搜集資訊的時候就感到不耐煩了，「這個房地產的有關資訊既繁瑣又細碎，我估計僅搜集資訊就要花費大量的時間，與其把時間都花在搜集和整理資訊上，還不如先休息幾天，憑藉我的聰明才智說不定就閃現出靈感了呢。再說了，文案設計得再好，我也不能從房地產公司那裡得到更多的好處，老闆也不會多付給我一份薪資，因此這件事根本就不值得我耗費那

麼大的力氣。」於是，他好好地休息了幾天之後，就草草地企劃了一份房地產廣告文案準備應付了事。他企劃的這份文案讓人感到索然無味，完全是在堆砌詞藻，至於文案本身的創新性和審美性就根本不用提了。這樣的文案顯然沒有任何價值，它的結果是被廣告公司的老闆看完之後隨手扔到了廢紙簍中。

第二位文案企劃人搜集了幾天資訊之後也開始感到無聊。他覺得自己的工作實在是太枯燥，幾乎所有的靈感都在搜集資訊的過程中跑得無影無蹤了。儘管最後他挖空心思也沒有獲得出一個好創意，不過他還是想：「我既然拿了老闆的薪資，就有責任把這個文案做出來。」於是，他強迫自己搜集和整理一些重要的相關資訊。在他的努力下，文案終於企劃好了。這個文案很真實地反映出了那個房地產的重要特徵，但是讓人看起來總覺得缺少一點什麼。

第三位文案企劃人從接受任務那天起就開始透過各種途徑搜集有關這個房地產的有用資訊，而且他還從圖書館借了幾本最新的有關房地產廣告文案的書進行學習，然後又透過向同事和朋友學習以及憑藉自己豐厚的知識累積，很快就找到了企劃這一文案的靈感。之後他馬上把這種靈感用自己的文字捕捉住，並掌握時間對這個文案進行潤色和進一步加工。最後，他終於在老闆規

第二章　做公司需要的員工

定的期限內完成這個優秀的創意。他送到老闆手上的是一份頗具創意和吸引力、並且不失格調的企劃方案。老闆看完之後馬上把這份文案傳真到了那家房地產公司。房地產公司對這份文案感到相當滿意，當即決定採用。

　　到了年底，廣告公司開除了第一位文案企劃人，留下了另外兩位，不過第二位文案企劃人的薪資水準和各種福利待遇都遠不及第三位文案企劃人。

　　三年後，第一位文案企劃人徹底失業了，沒有一家公司願意聘用他；第二位文案企劃人仍然靠自己的辛苦努力艱難地維持著一家人十分節儉的生活；而第三位文案企劃人卻成了全市著名的企劃大師，他企劃出的文案既形象生動又深入人心，為許多聘用他的公司創造了巨大的利潤。

　　不論在哪個行業，只要想在該行業中站穩腳跟，做出一番成就，就必須具備扎實的專業技能，而且還要以精益求精的態度不斷提升自己的專業技能水準。專業技能水準的高低對於員工在這個行業中的成長有著關鍵的作用，可以說專業技能就是實現個人成長的入場券，不論你是普通工人，還是推銷員，或者是電腦程式設計師、建築工程師，都要用這塊入場券來打開通往成長道路的大門。簡而言之，任何人都不可能脫離專業技能之本而空談成長。

　　作為企業的一員，要想在人才濟濟的職場之中脫穎而出，就必須在自己的專業技能方面有扎實的本領，這樣才能引起老

闆的注意，並受到同事的欽佩，從而奠定自己業務骨幹的地位，為今後的成功打下扎實的基礎。

把敬業當成一種習慣

敬業是對渴望成功的人對待工作的基本要求。敬業精神簡單地說就是個人對待職業的態度，是職業道德的具體表現。它是個體在從事自己所主導的活動中表現出的個人素養和涵養。

所謂「敬業」，就是要敬重你的工作。這可以從兩個層次去理解。從低層次來講，「拿人錢財，與人消災」，也就是說，敬業是為了對老闆有個交代。如果我們上升一個高度來講，那就是把工作當成自己的事業，要具備一定的使命感和道德感。不管從哪個層次來講，「敬業」所表現出來的就是認真負責——認真做事，一絲不苟，並且有始有終！

在一所大醫院裡，有位外科護士首次參與外科手術，在這次腹部手術中負責清點所用的醫療器具和材料。在手術就要結束的時候，這位護士對醫生說：「你只取出了十一塊紗布，而剛才我們用了十二塊，我們得找出餘下的那一塊。」醫生卻說：「我已經把紗布全部取出來了，現在，我們來把切口縫好。」那位新護士堅決反對：「醫生，你不能這樣做，請為病人著想。」

醫生眼裡頓時閃出欽佩的光彩：「你是一名合格的護

第二章　做公司需要的員工

士，你通過了這次特別的考試。」原來，精明的醫生把第
十二塊紗布踩在了自己的腳下。當他看到新來的護士如
此認真時，高興地抬起了腳，露出了那第十二塊紗布。

敬業精神，是現代人應該具備的職業道德。如果你在工作
上能敬業，並且把敬業變成一種習慣，就會一輩子從中受益。
一個缺乏敬業精神的人，以懶散粗心的態度應付工作，最終的
結果只能是一無所成。但是假如你以積極的心態地去工作，就
能心想事成。

敬業精神是個體以明確的目標選擇、樸素的價值觀、忘我
投入的志趣、認真負責的態度，從事自己的主導活動時表現出
的個人素養。敬業精神是做好本職工作的重要前提和可靠保
障。正如美國職業成功學家詹姆斯·H·羅賓斯（James H.
Robbins）所說的：「敬業，就是尊敬、尊崇自己的職業。如
果一個人以一種尊敬、虔誠的心靈對待職業，甚至對職業有一
種敬畏的態度，就說明他已經具有敬業精神了。但是，他的敬
畏心態如果沒有上升到敬畏這個冥冥之中的神聖地位，沒有上
升到視自己的職業為天職的高度，那麼他的敬業精神就還不徹
底，他也還沒有掌握敬業的精髓。天職的觀念使自己的職業具
有了神聖感和使命感，也使自己生命信仰與自己的工作連繫在
了一起。只有將自己的職業視為自己的生命信仰，那才是真正
掌握了敬業的本質。」

　　有一位日本女大學生，利用假期到東京帝國飯店打工。她在這家五星級飯店裡所分配到的工作是洗廁所。

　　第一天上班，當伸手進馬桶刷洗時，她差點當場嘔吐。勉強撐過幾日後，她實在堅持不下去了，於是決定辭職。但就在這個關鍵時刻，女大學生發現，和她一起工作的一位老清潔工，居然在清洗工作完成後，從馬桶裡舀了一杯水喝下去。女大學生看得目瞪口呆，但老清潔工卻自豪地表示，經他清理過的馬桶，是乾淨得連裡面的水都可以喝下去的！

　　這個舉動給女大學生很人的啟發，令她了解到什麼是敬業精神。此後，再進入廁所時，大學生不再引以為苦，卻視之為自我磨練與提升的道場，每次清洗完馬桶，她也總是自問：「我可以從這裡面舀一杯水喝下去嗎？」

　　假期結束，當經理驗收考核成果，女大學生在所有人面前，從她清洗過的馬桶裡舀了一杯水喝了下去！這個舉動同樣震驚了在場的所有人，尤其讓經理認為這名工讀生是絕對必須延攬的人才！

　　畢業後，女大學生果然順利進入帝國飯店工作。

　正是這種對工作全身心投入、一絲不苟的敬業精神，使她邁好了人生的第一步。有了這種精神，她可以克服工作中的所有困難。從此，她踏上了成功之路，開始了不斷從成功走向輝

第二章　做公司需要的員工

煌的歷程。幾十年的光陰很快就過去了，後來她成為日本政府內閣的主要官員 —— 郵政大臣。這位女大學生的名字叫野田聖子。她在事業上取得了輝煌的成就，可是每次自我介紹時卻總是說：「我是最敬業的廁所清潔工和最忠於職守的內閣大臣……」

要想取得成功，離不開敬業精神。敬業是人們做好本職工作的必備素養，也是激發創造熱情、取得突出業績的前提，一個不敬業的人很難在他所從事的工作中做出成績。

皮爾·卡登（pierre cardin）曾經對他的員工說：「如果你能真正地釘好一枚鈕扣，這應該比你縫製出一件粗製的衣服更有價值。」我們從更深的層次去理解，這句話包涵的意思應該是：行使自己的工作職能，無論自己的工作是什麼，重要的是你是否做好了自己的工作。

對於員工來說，如果沒有敬業精神，就不可能把工作做好，同時阻礙了自身潛力的發揮。一個人放棄了自己的職能，就意味著放棄了自身在這個社會中更好的生存機會，就等於在可以自由通行的路上自設路障，摔跤絆倒的也只能是自己。

有人天生有敬業精神，工作中經常廢寢忘食，但有些人的敬業精神則需要培養和鍛鍊。如果你自認為敬業精神不夠，那就應趁年輕的時候強迫自己敬業 —— 以認真負責的態度做任何事！

當你用心去做工作時，當敬業成為一種習慣、成為日常生活工作的一部分時，你的事業成功、家庭幸福就有了扎實的基礎。

勤奮的員工最受歡迎

　　勤奮是一所高貴的學校，所有想有所成就的人都必須進入其中，在那裡可以學到有用的知識、獨立的精神和堅忍不拔的素養。事實上，勤奮本身就是財富，假如你是一個勤勞、肯做而又刻苦的人，就能像蜜蜂一樣，採的花越多，釀的蜜也就越多，你享受到的甜美也越多。

　　勤奮工作是一名優秀員工必備的素養。享受生活固然沒錯，但怎樣成為公司需要的員工，這才是最應該考慮的事情。一名有頭腦、聰明的員工絕不會錯過任何一個可以讓自己的能力得以提升，讓自己的才華得以施展的工作。儘管有時這些工作可能薪水低微，可能繁重而艱巨，但它們對員工意志的磨練，對員工堅忍不拔意志的培養，都是使員工一生受益的寶貴財富。所以，正確地認識你的工作，勤勤懇懇地努力去做，才是對自己負責的表現。

　　麥克是某建築工程公司的執行副總。幾年前，他是身為一名送水工被這支建築隊招聘進來的。麥克並不像其他的送水工那樣把水桶搬進來之後就一面抱怨薪資太少，一面躲在牆角抽菸。他給每個工人的水壺倒滿水，並在工人休息時纏著他們講解關於建築的各項工作。很快，這個勤奮好學的人引起了建築隊長的注意。兩週後，麥克當上了計時員。當上計時員的麥克依然勤勤懇

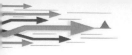

第二章　做公司需要的員工

懇地工作，總是早上第一個來，晚上最後一個離開。由於他對所有的建築工作比如打地基、壘磚、刷泥漿等都非常熟悉，當建築隊的負責人不在時，工人們總喜歡問他。一次，負責人看到麥克把舊的紅色法蘭絨撕開包在日光燈上，以解決施工時沒有足夠的紅燈來照明的困難，負責人決定讓這個勤懇又能幹的年輕人做自己的助理。現在麥克已經成了公司的副總，但他依然特別專注於工作，從不說閒話，也從不參加到任何紛爭中去。他鼓勵大家學習和運用新知識，還常常擬計畫、畫草圖，向大家提出各種好的建議。只要給他時間，他就可以把客戶希望他做的所有事情做好。

麥克沒有什麼驚世駭俗的才華，他只是一個窮苦的年輕人，一個普普通通的送水工；但是憑著勤奮工作的美德，他幸運地被賞識，並一步一步地成長。由此可見，如果你希望快速圓滿地完成一件事，那就勤奮一點，忙碌一點。永遠保持勤奮的工作態度，你就會得到他人的讚揚並贏得老闆的器重。

無論你現在所從事的是什麼樣的工作，即使你是建築工地上的一名工人，或者是辦公室裡的一名普通職員，只要你勤勤懇懇地努力工作，就一定會成功，並且得到老闆的認可。

著名推銷商比爾·波特（Bill Porter）說：「決定你在生活中要做的事情，要看到積極的一面，沒有實現它之前要永遠勤奮下去。」

比爾出生時，由於難產導致他的大腦神經系統癱瘓，這種病症嚴重影響了他的說話、行走和對肢體的控制能力。福利機關將他定為「不適於被僱用的人」，專家們也說他永遠都不能工作。可是，比爾卻從來沒有將自己看作「身心障礙者」，在母親的鼓勵下，他開始了人生中的第一份工作──做推銷員。

第一次上門推銷時，比爾反覆猶豫了四次，才最終鼓起勇氣按響了門鈴。開門的人對比爾推銷的產品並不感興趣。接著第二家，第三家……比爾的生活習慣讓他始終把注意力放在尋求更強大的生存技巧上，所以即使顧客對產品不感興趣，他也不感覺灰心喪氣，而是一遍一遍地去敲開其他人的家門，直到找到了對產品感興趣的顧客。很長一段時間，他的生活幾乎重複著同樣的路線，不論颱風，還是下雨，他每天都要走 10 英里，背著沉重的樣品包，四處奔波，那隻沒用的右胳膊蜷縮在身體後面。這樣過了三個月，比爾敲遍了這個地區的所有家門。當他做成一筆交易時，顧客會幫助他填寫好訂單，因為比爾的手幾乎拿不住筆。

出門 14 個小時後，比爾會筋疲力盡地回到家中，此時他關節疼痛，而且還時常受到偏頭痛的折磨。每隔幾個星期，他就列印出訂貨顧客的清單，由於他只有一個手指能用，所以這項簡單的工作常常用去他 10 個小時

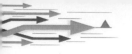
左右的時間。每天深夜，當把一天的工作全部做完後，他就將鬧鐘定在 4 點 45 分，以便早點起床開始明天的工作。一年年過去了，比爾負責的地區的家門一次一次地被他敲開，他的銷售額也隨之漸漸地增加了。

在第 24 個年頭，在比爾上百萬次敲開一扇又一扇門之後，他成了懷特金斯公司在西部地區銷售額最高的推銷員，同時也是推銷技巧最好的推銷員。懷特金斯公司對比爾的勤勞和傑出的業績進行了表彰，公司主席為他頒發了傑出貢獻獎。

在頒獎儀式上，懷特金斯公司的總經理告訴他的雇員們：「比爾告訴我們：一個有目標的人，只要全身心地投入到追求目標的努力當中，勤奮地工作，那麼生活中就沒有什麼事情是做不到的。」

可見，勤奮足以使人們成就一切。在職場中永立不倒的英雄所憑藉的絕不是安逸中的空想，而是艱苦中的勤勉和奮發，是在任何環境中的扎實工作和鍥而不捨的求知精神。這是他們成功的祕訣，也是所有想成功的人必須具備的崇高美德。

在這個人才輩出的時代，假如你要走出「完不成任務」的樊籠，跨入優秀的行列，勤奮是必不可少的工具。勤奮是優秀員工做好事情、達成目標的根本。事實上，任何領域中的優秀人士之所以擁有強大的執行力，能高效地完成任務，就是因為

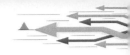

他們勤奮，比一般人付出了更多的艱辛。假如你是有志於工作的人，每天都應該把這個問題在自己的心中問上幾遍：「我夠勤奮嗎？」

為老闆提供有效的資訊

員工是協助老闆獲得成功的人，所以要常向老闆介紹新資訊，提供可靠的依據和資料，使老闆掌握自己企業目前的動態，這樣會有助於老闆做出正確的決策。

真實、準確而又充分的資訊是老闆實行決策的基礎和前提條件。身為下屬應該善於領會老闆的意圖，密切關心老闆的思想動向，做到同步思維，並及時準確地向老闆傳遞相關的資訊和資料。

在現代社會，面對瞬息萬變的經濟發展形勢，企業的老闆就更需要及時掌握大量的資訊，特別是那些與自己的決策問題密切相關的資訊。這些資訊往往關係著老闆決策的成敗，有時甚至關乎事業的成敗。美國企業家沃爾森對此深有體會：「把資訊和情報放在第一位，金錢就會滾滾而來。」無疑，那些能夠為老闆提供感興趣問題的相關資訊的人就會受到老闆的重視。

王大華和李大明在一家工廠上班。有一次，經理到工廠檢查工作，王大華不停地抱怨：「工廠地方太窄，連轉身都困難。」遺憾的是，他只是抱怨，卻沒說出自己的

第二章　做公司需要的員工

見解，這反而令經理不悅。而李大明則不同，他說：「依我看，這是工具放置的問題 —— 應該找個專門的地方來放工具才好。我發現在原料庫可以隔出一個單間來放置工具。我估算了一下，要想隔出這個單間只需 500 元就行。」李大明的話一出口，立即得到經理的重視，因為他不是訴苦抱怨，而是提出了具體的建議。李大明為經理提供了資訊和建議，自然與經理形成了某種互動式的默契，使他得以順利地被提拔為生產線主任。

為老闆提供有效的資訊，這是身為下屬義不容辭的責任。由於老闆主要關心的是決策問題，那麼大量資訊的彙集、整理、篩選與剔除就要由下屬來完成。因此，善於觀察體會，能夠正確理解老闆的意圖，成為替老闆提供所需要的獨特資訊的人，才會「搔癢搔到正癢處」，為老闆解決關鍵性問題，獲得老闆的賞識。這樣，老闆肯定會為有你這麼一個善於觀察、能抓重點的得力助手而感到欣慰和歡喜。無疑，這會大大促進你和老闆之間的情感連繫，縮短彼此的距離，建立一種和諧、默契的上下級關係。

西方葡萄酒業巨頭 —— 卡爾森公司前行政副總經理羅伯特·加里（Robert Gary）曾說過：「我發現，下級使自己受到重用和被賞識的最好辦法是挖掘資訊，即那些與正在被考慮的建議有關的資料和事實，以及對上級欣賞的觀點表示出興趣和

讚賞，還有就是要提出新的方案。……沒有什麼比有助於上級做出更好決策的資訊更令人欣賞的了。」可見，搜集資訊，為老闆提供有效的方案，是贏得老闆好感和賞識的最好辦法。

老闆所感興趣或關心的問題，有時是很明顯的。即老闆往往把這一問題明確地提出來，交由你去辦理。這對於你來說，很明顯在思維上已經比老闆晚了一步，在行動上也比較被動。因此，你此時就應該全力把這些事情做好，盡可能出色地完成任務，給老闆更多的相關資訊。

對於老闆沒有明確交派、卻正在思考的問題，你應該發揮主觀能動性，變被動工作為主動工作，去發現它，並提供相關的資料。

只要你細心地觀察和體會，是不難發現老闆正在關心的問題的。你可以透過下面幾個方面加以分析：老闆在正式場合中的講話，對哪些問題做出了強調，程序怎樣；老闆在私下談話裡對哪些問題發表過看法，褒貶如何；老闆在批文中作過哪些刪減、改動和批示；老闆最近喜歡閱讀哪些方面的書籍和報刊、對哪些部門的活動比較留意……這些問題有時還是尚處端倪、沒有形成完整的思路和觀點，因此，你還有必要延伸或挖掘「興奮點」，使之成為有根有據、符合實情的資訊。

下屬在多向老闆提供那些老闆比較感興趣或關心的資訊時，還應該注意本著實事求是、有利於工作的原則，多向老闆

第二章　做公司需要的員工

提一點不同意見，以供老闆參考。下屬要既給老闆講「好消
息」，也給老闆說「壞情況」，這樣才便於老闆全面掌握情
況，正確決策。這是對老闆忠心耿耿的表現，有水準的老闆是
會領會到下屬的這種用心良苦，從正反兩方面的意見中總結出
正確的結論的。總之，身為下屬欲想在公司有立足之地，博得
老闆的賞識，一定要做到：想老闆之所想，急老闆之所急，主
動為老闆提供有用的資訊。

做一名誠實的員工

在職場上，信任比能力重要。贏得老闆的信任是員工職業
發展和提升的基本前提，是關鍵所在。要想贏得老闆的信任，
首先就要做一名誠實的員工。

> 　　國外某大公司公開招聘副理。總經理一見到應聘
> 者，就馬上從座位上跳了起來，興沖沖地說道：「上個
> 月我在高速公路旁出了車禍，幸好您救了我。等我清醒
> 時，您已經走了。今天，我一定要好好謝謝您！」應聘
> 者之一湯姆瞪大雙眼，不得其解，坦然回答說：「抱歉，
> 恐怕您弄錯了。」總經理很不高興地說：「難道我蠢得連
> 恩人都記不住嗎？」湯姆仍然正色答道：「很抱歉，那確
> 實不是我。」回到家以後，他想這次肯定落選了。沒想
> 到第二天公司居然通知他去上班。後來，總經理才告訴

他，本就沒有車禍那回事，可悲的是那麼多的候選人中只有湯姆是誠實的。這位總經理如此考察人，真是煞費苦心。但他遵循了一個基本原則，即誠實的人是老闆最放心的人，也是公司最需要的人。

由此可見，無論是應聘或是工作的過程中，誠實坦率的品德，都是一個人立足職場的根本。如果你不誠實，無論你的能力多強、背景多好，公司也不會聘請你的。

亞瑟是一家大型航空公司的董事長。他 10 歲的時候，正值經濟大蕭條。他跟著一輛密封式運貨小卡車，每天向 100 多家商店送特製食品。那時候在炎熱的天氣裡，辛苦工作幾個小時的報酬只是一個臘肉三明治、一瓶飲料和 50 美分的現金。但由於這是他的第一份工作，所以他認為辛苦一些也是正常的。

在不送貨的日子裡，亞瑟便到一家偏僻的糖果店工作。一次掃地時，他看見桌子下有 15 美分，便撿起來交給店家。店家拍拍亞瑟的肩膀說，自己是有意將錢扔在那裡的，想試試他是否誠實。亞瑟在整個高中階段都為這位老闆工作。他絕不會忘記，是誠實讓他保住了當時非常難找的那份工作，也正是誠實成為了他後來創做事業且興旺發達的關鍵。

第二章　做公司需要的員工

員工的誠實不僅僅包括做人要誠實、對老闆要誠實，還包括對工作要誠實。對工作的誠實要求員工一絲不苟地盡好自己分內的職責，不偷工減料，不弄虛作假，不抱「完成任務了事」的心態。

工作中，我們每個人都要憑著良心做事，並且不怕困難、不半途而廢，如若不然，養成了敷衍了事的惡習後，做起事來往往就會不誠實。這樣，人們最終會輕視我們的工作，從而輕視我們的人品。粗劣而不誠實的工作態度，不但使工作的效能降低，而且還會使我們喪失做事的才能。所以，不誠實的工作態度，實在是摧毀理想、墮落生活、阻礙前進的大敵。

在做事的時候，我們要抱著非做成不可的決心，要抱著追求盡善盡美的態度。因為那些在工作中贏得老闆信任，並能很快得到晉升的人，就是具有這樣素養的人。但在工作中，很多人好像不知道職位的晉升是建立在忠實履行日常工作職責的基礎上的，也不知道只有做好目前所做的工作，才能使他們漸漸地獲得價值的提升。

有許多人在尋找發揮自己本領的機會。他們常這樣問自己：「做這種乏味平凡的工作，有什麼希望呢？」可是，就是在極其平凡的職業中、極其低微的位置上，往往藏著極大的機會。只有把自己的工作做得比別人更完美、更迅速、更正確，在工作中全神貫注調動自己全部的潛力，從舊事中找出新方法來，這

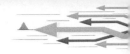

樣才能引起別人的注意，才能使自己有發揮本領的機會，從而
滿足心中的願望。所以，不論收入是多麼微薄，都不該輕視和
鄙棄自己目前的工作。在做完一件工作以後，應該這樣說：「我
願意做那份工作，並已竭盡全力、盡我所能了，更願意聽取人
家對自己工作的批評。」

　　成敗往往取決於個人的人格。一個誠實敬業的人也許並不
能獲得老闆的賞識，但至少可以獲得他人的尊重。那些投機取
巧之人即使利用某種手段爬到一個高位，但往往被人視為人格
低下，無形中給自己的成功之路設置了障礙。不勞而獲也許非
常有誘惑力，但不勞而獲者很快就會為此付出代價，進而會失
去最寶貴的資產 —— 名譽。誠實及敬業的名聲是人生最寶貴的
財富。

　　每一名員工都希望自己能盡快得到提拔，能在事業上有更
大的發展前途。這就要求我們必須誠實地對待老闆，誠實地對
待工作，誠實地對待顧客。弄虛作假的結果，無異於自毀前程。

專心做好每一件事

有這樣一個故事：

> 春秋時期，兩個學生拜弈秋為師學習下棋。其中一個學生每次聽課都全神貫注，一心一意地聽弈秋講解棋道；而另一個學生上課時總是心不在焉，三心二意，極易被外界事物紛擾亂了心神。一次上課時，有一群天鵝從他們頭上飛過，那個專心的學生連頭都沒有抬一下，渾然不覺。而那個心不在焉的學生雖然看起來好像也在那裡聽，但心裡卻想著拿了箭去射天鵝。若干年後，那個專心致志的學生成了一名出色的棋手，而另一位呢，卻一事無成。

一個人的精力是有限的，把精力分散在好幾件事情上，是不切實際的做法，不是明智的選擇。想成大事者絕不能把精力同時集中於幾件事上，只能關心其中之一。

在世事喧騰、紅塵滾滾中靜下心來，專注於某一事業，不受其他欲望誘惑的擺布。這是一件非常艱難的事，意味著有可能放棄很多機會，意味著遭遇困難不能退縮，但是只有這樣才能在這一事業方面有所成就。

在亞特蘭大第二屆的長跑競賽上，當年的贊助者為可口可樂公司。為了促銷健怡可口可樂這種產品，可口可樂公司在比賽申請表格、各種媒體以及 T 恤和比賽號碼上都顯著地印有健怡可口可樂的商標。

比賽當天早上，大會的榮譽總裁站在臺上說：「我們很高興有這麼多參賽者，同時特別感謝我們的贊助商健怡百事可樂。」站在總裁背後的可口可樂代表小聲提醒他：「是健怡可口可樂！」超過 1,000 位的參賽者聽了他的話，一片譁然，當時總裁真是十分羞愧與懊悔。後來在回憶這件事時他說：「我知道是可口可樂，但是當時我失了神。那一天真是糟糕，我學到了專心比事實更重要。」

做事貴在專注。無論做什麼事我們都需要專注。心不在焉常常會給我們帶來不愉快的體驗與煩惱，這是任何人都不想去體驗的。

一次只專心地做一件事，全身心地投入並積極地希望它成功，這樣我們就不會感到精疲力竭。不要讓我們的思維轉到別的事情、別的需要或別的想法上去，專心於我們正在做著的事。

一家公司在招聘員工時，特別注重考察應聘者專心致志的工作作風。通常在最後一關時，都由董事長親自考核。現在已擔任經理要職的強森在回憶當時應聘的情景時說：「那是我一生中最重要的一個轉捩點，一個人如果沒

第二章　做公司需要的員工

有專注工作的精神，那麼他就無法抓住成功的機會。」

那天面試時，公司董事長找出一篇文章給強森說：「請你把這篇文章一字不漏地讀一遍，最好能一口氣讀完。」說完，董事長就走出了辦公室。

強森想：不就讀一遍文章嗎？這太簡單了。他深呼吸一口氣，開始認真地讀起來。過了一會兒，一位漂亮的金髮女郎走過來說：「先生，休息一會兒吧，請用茶。」她把茶杯放在桌上，對著強森微笑著。強森好像沒有聽見也沒有看見似的，還在不停地讀。

又過了一會兒，一隻可愛的小貓伏在了他的腳邊，用舌頭舔他的腳踝。他只是本能地移動了一下自己的腳。這絲毫沒有影響他的閱讀，他似乎也不知道有隻小貓在自己腳下。

那位漂亮的金髮女郎又飄然而至，要他幫她抱起小貓。強森還在大聲地讀，根本沒有理會金髮女郎的話。

終於讀完了，強森鬆了一口氣。這時董事長走進來問：「你注意到那位美麗的小姐和她的小貓了嗎？」

「沒有，先生。」

董事長又說道：「那位小姐可是我的祕書，她請求了你幾次，你都沒有理她。」

強森很認真地說：「你要我一口氣讀完那篇文章，我只想如何集中精力去讀好它。這是考試，關係到我的前

途，我必須全神貫注，對別的什麼事就不去注意了。」

董事長聽了，滿意地點了點頭，笑著說：「年輕人，你表現得不錯，你被錄取了！在你之前，已經有 50 個人參加考試，可是沒有一個人及格。現在，像你這樣有專業技能的人很多，但像你這樣專注工作的人太少了！你會很有前途的。」

果然，強森進入公司後，靠自己的業務能力和對工作的專注、熱情，很快就被董事長提拔為經理。

可見，專注能給人們帶來成功的機遇！一個專注的人，往往能夠把自己的時間、精力和智慧凝聚到所要做的事情上，從而最大限度地發揮積極性、主動性和創造性，努力實現自己的目標。

我們要想做好一件工作，就必須全身心地投入，絕不能心猿意馬。沒有事情是簡單的，任何一件事完成起來都要花費相當的精力，人心無法一分為二，只有專心才是解決問題最好、最快的途徑。

世界上到處是散漫粗心的人，而那些專注工作的人卻始終是供不應求的。因為專注，我們會對自己的目標產生虔敬之意；因為專注，我們的內心會泉湧般滋長出創造的快感與靈魂的愉悅；因為專注，我們會更容易接近成功的目標！

第二章　做公司需要的員工

第三章　對你的公司負責

　　責任是職業道德和事業的根基，責任是能力水準提高的保證，責任是走向人生最高境界的選擇。無論何人何時何地何職務，如果缺失了責任感，再聰明的人也可能平庸一生，再有能力的人也可能一事無成，哪個企業都不需要這樣的員工。

第三章　對你的公司負責

將責任心放在第一位

責任是一個人生存的意義和價值所在，任何人都沒有理由推卸。對責任的推卸，只能是對我們所愛的人的一種傷害。堅守責任，則是守住生命最高的價值，守住人性的偉大和光輝。

在生活中，我們要面對許多事情，這些事情不是與你的父母、愛人、兒女、朋友有關，就是與社會、公司、工作有關。在這些事情裡面，蘊含著你無法推託的責任。如果每一件事情你都敷衍了事，缺乏責任感，那麼你的人生會是什麼樣子？還會有什麼意義和價值？

有這樣一個小故事：

> 在一個雪天的傍晚，中士傑克先生匆忙地走在回家的路上。路過公園時，他被一個人攔住了：「先生，打擾一下，請問您是一位軍人嗎？」這個人看起來很著急。
>
> 「是的，我是。我能為您做些什麼嗎？」傑克急忙回答道。
>
> 「是這樣的，我剛才經過公園門口時，看到一個孩子在哭。我問他為什麼不回家，他說自己是士兵，在站崗，沒有接到命令是不能離開這裡的。和他一起玩的那些孩子都不見了，估計是回家了。」這個人說，「我勸這個孩子回家，可是他不走。他說站崗是自己的責任，必須接到命令才能離開。看來只能請您幫忙了。」

傑克心裡一震，說：「好的，我馬上就過去。」

傑克來到公園門口，看見那個小男孩在哭泣。傑克走了過去，敬了一個軍禮，然後說：「下士先生，我是傑克中士，你站在這裡做什麼？」

「報告中士先生，我在站崗。」小男孩停止了哭泣，回答說。

「雪下得這麼大，天又這麼黑，公園門也要關了，你為什麼不回家？」傑克問。

「報告中士先生，這是我的責任。我不能離開這裡，因為還沒有接到命令。」小男孩回答。

「那好，我是中士，我命令你現在就回家。」傑克對小男孩嚴肅地說。

「是，中士先生。」小男孩高興極了，還向傑克敬了一個不太標準的軍禮。

小男孩的舉動深深地打動了傑克，這個孩子的倔強和堅持看起來似乎有些幼稚，但他所展現的責任和守信卻是很多成年人都無法做到的。後來傑克中士經常和士兵們講起這個故事。

的確，這個社會需要的正是這種深深的責任感。責任是上天賦予我們的，我們從有認知開始就有很多責任。我們不僅要對自己負責，還要對別人負責，對群體負責。尤其是在一家公司裡，公司就像一臺很大的機器，每一個人都是機器上的一個

第三章　對你的公司負責

齒輪，進而影響整臺機器。所以，我們不能推卸責任，推卸責任就意味著我們推掉了實現自己價值的機會，也意味著我們開始對自己的良心犯罪。

一位曾多次受到公司嘉獎的員工說：「我因為責任感而多次受到公司的表揚和獎勵。其實我覺得自己真的沒做什麼，很感謝公司對我的鼓勵。其實擔當責任或者願意負責並不是一件困難的事，如果你把它當做一種生活態度的話，就更加不會輕易地推卸責任。」

其實，在很多成長教育的課程中，就有關於承擔責任而不推卸責任的訓練。注意生活中的細節也有助於責任的養成。大家都說習慣成自然，當責任也成為一種習慣時，也就慢慢成了一個人的生活態度，這個人就會自然而然具有責任心。當一個人自然而然地以責任心做一件事情時，當然不會覺得麻煩，自然也就不會想著如何去推卸它。當你意識到責任在召喚自己的時候，就會隨時為責任而放棄其他一些選擇，而且不會覺得這放棄對自己來說很不容易。

責任到來時，你不能推卸，因為它能讓你戰勝膽怯，讓你所做的事情更富價值和意義。一個人承擔起責任，並時時保持一種高度的責任感，會讓其他人受到感染，使他們也樹立起自己的責任感。雖然承擔責任不是做給別人看的，但是一旦你做到了這一點，就會影響到其他人。別人可能沒有你做得好，但只要做了，

就能看出他已經意識到自己的責任了。這就是責任的力量。

在一家公司中，並不是所有的員工都能對自己的工作有強烈的責任感。但是如果整個公司的環境都處於一種充滿責任的氛圍中，那麼員工就會被別人的態度所感染，進而能夠承擔起自己的責任。因為，他發現，承擔責任並不是件很困難和痛苦的事情，相反擔當起責任會給他一種驕傲的感覺，因為他在這個企業中同樣是重要的、不可或缺的。與其推卸和逃避責任，不如勇敢地承擔起來，說不定你的勇敢會成為自己成功的契機。

不推卸和逃避責任，需要你去清楚地明白，在自己的企業中和工作職位上，都有哪些責任。不清楚自己有哪些責任，承擔責任就無從談起。對於一家公司來講，不管是領導者，還是普遍員工，都有一些共同的基本責任。如果知道這些基本責任，那麼延伸出去，你就可以知道自己工作中的其他責任。

工作就意味著責任

在這個世界上，沒有不需要承擔責任的工作。職位越高、權力越大，你所肩負的責任就越重。真正有責任心的人即使對自己的工作不感興趣，離開之前也會善始善終；只有那種對工作不負責的人才會因為自己缺乏能力，或者說無法面對現實而一走了之。因此，是否具有責任還能反映一個人的個人素養和思想品德水準的高低。

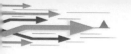

第三章　對你的公司負責

　　負責任是成熟的標誌。負責任的人是成熟的人，他們對自己的言行負責，能夠掌握自己的行為，做自我的主宰。而尋找藉口，其實就是推卸責任。在責任與藉口之間，選擇責任還是選擇藉口，就展現了一個人的工作態度。對於自己的過失或錯誤，我們應該承認它們，並為它們道歉，但更重要的是利用它們，要讓人們看到你是如何承擔責任和如何從錯誤中吸取教訓的，而不是企圖讓藉口變成一面擋箭牌。

　　責任意識會讓人更加卓越。具有責任感意味著你對自己的行為和結果承擔責任。真正的責任感遠遠超出了在某項任務中的表現這一概念。它意味著員工對他們所從事的工作、對要取得的工作成果負有責任。有了強烈的責任感，我們在工作中遇到問題就不會推諉、扯皮，對待工作就會一絲不苟。沒有責任感的人要想成功，那是不可想像的。試想一下，發射太空船，假若有一個環節出問題，哪怕是一名不負責任的員工沒有擰緊螺絲釘，後果將不堪設想。在公司中，如果每一名員工都能做到對自己的職位、對自己的工作認真負責、兢兢業業，那麼公司將成為一個高效的、能夠戰勝任何困難的團隊。就個人而言，既然承擔了這份工作，就擔當了相對的責任，也就沒有任何藉口可以懈怠。只有敬業，別無選擇！

　　過去我們常講要「愛職敬業」。我們不敢苛求每個人都「愛職」，但是「敬業」卻是做人最起碼的行為準則和道德

規範。一個人由於種種社會、歷史、機遇等原因，可能對目前的工作不太滿意，但是這絕不是你可以不敬業的原因。換句話說，你可能不「愛職」，絕不可以不「敬業」。既然你已經選擇了現在的職業，就是對社會、對人生、對未來做出了承諾。一個對自己人生和未來的承諾都不願認真兌現的人，他做出的其他承諾的兌現也一定令人擔憂。即便想跳槽，只要你還在目前的職位上工作一天，都應認真完成好一天的工作。過去的和尚還要講「做一天和尚，撞一天鐘」。現代人總不能做了「和尚」，連「鐘」都不撞了。

小李的故事就是對此極好的注解：

大學畢業後，小李一直在一家小公司裡上班，做的是專業技術工作，與小李所學的專業很適合，待遇也算可以。可是就在這時，一家大公司突然給小李發來邀請，待遇比小李當時的多三倍。

對小李來說，這是一個非常難得的機會。他為此激動好一陣子，但轉念一想，公司就自己一個技術員，如果自己走了，公司裡一時沒有人來代替自己，那將面臨一種怎樣尷尬的狀態呢？想來想去，他決定暫時不離開公司。

考慮清楚之後，小李把自己想去大公司工作的事告訴了老闆：「雖然這個機會對於我來說是很難得的，但是我知道自己走了之後，這裡將面臨一個尷尬的狀態，就

是暫時沒有技術員。所以我想等到公司裡找到新的技術員之後再離開。」大公司聽了，眼睛睜得大大的，對小李說：「小李啊，這真是一個好機會啊！恭喜你！我們會馬上找到新的技術員來頂替你的。」

於是，小李留在原公司，還是像往常一樣上班下班。想到自己就要離開這裡了，就要和與自己工作了一年的同事分手，心裡還是挺留戀的。這使他越發努力地工作了，生怕自己走了之後，有什麼地方做得不夠好，留下什麼「尾巴」要別人來處理。那樣他的心裡會很過意不去的。

可是，這個時候並不是就業的高峰期，而且小李這個專業的人很難找。再加上公司對技術人員的要求都很高，不僅要有專業知識，還要有經驗。很多剛畢業的學生有專業知識，但沒有經驗。因此，招聘資訊發布一個月了，還是沒有招聘到合適的技術員。

而此時大公司那邊開始來電話催小李，他們說：「如果你還不來，我們就要換別人了。」聽他們這麼一說，小李也急了。但是再著急，也不能扔下手頭的工作就走，這不是小李的工作作風。於是，小李狠了狠心，對他們說：「雖然我很想去你們那裡工作，但是我要對目前的工作負責，如果我走了，這裡沒有人代替我的工作，請你們再等我一段時間吧。等這邊找到了技術員來代替我，我馬上就過去。」

工作就意味著責任

　　大公司那邊很著急地對小李說：「我們這裡也很著急用人，你的責任心我們可以理解，但也不能因為你而耽誤公司的業務進程。同時，你也不能因為這個而耽誤自己的前程呀，畢竟機會不是天天都有的。」

　　小李只好真誠地對他們說：「實在對不起，我真的不能一走了之。這裡只有我一個技術員，如果我走了，工作將無法進行，損失也會很大。如果你們不能等我三個月，我寧願放棄。雖然這不是我願意的，但也沒有其他更好的辦法了。因此，請原諒。」話雖然這麼說，但是小李的心裡還是很擔心他們換人。如果那樣，他也就失去了一個人好的人生機遇。

　　小李的好朋友勸他說：「我看你還是離開吧！你就是走了，也沒有人會埋怨你什麼的，機遇對於任何人來說可能都只有一次，你為什麼這樣固執呢？」朋友的話很有道理。但是小李還是認為，自己應該對這家公司負責，所以還是決定等公司招到新的技術員後再離開。

　　又過了一個月，公司終於招聘來了技術員 —— 小陸。小陸剛畢業，沒有實際工作經驗，如果不是因為小李要離開，公司缺人，他是不會被錄用的。為此，經理專門找小李談話說：「小李，小陸沒有經驗，我希望你能教他幾天再走。」小李雖然心裡很著急，但還是點頭答應了。就這樣，小李開始帶著小陸工作，在實際工作中，

告訴他應該怎樣做。

半個月後，小陸對一些專業知識的應用還是不熟練，經理又找小李談話，說很感激小李的做法，告訴小李不要因為這個「責任」，而把自己的機會給錯過了。可小李覺得這麼長時間都過來了，還是應該把小陸教會了再離開比較好。又過了半個月，眼見小陸已經適應了工作，小李才託人買了去大公司的火車票。

在小李離開的前一天晚上，公司主管和同事們一起為小李送行。那是一個讓小李永生難忘的晚上！小李的眼睛為了這個場面紅了好幾次，因為在頻頻的舉杯中，無論是小李的主管還是同事，都一次次地囑咐他：「小李，如果在那邊工作做得不開心了，就回來。我們這裡的大門永遠都是向你敞開的。」雖然這時候小李很清楚，自己是不可能再回來的，但是他的淚水還是不爭氣地流了出來⋯⋯

經理拍著小李的肩膀對他說：「小李，到了那裡如果遇到不開心的事，就打電話給我，這裡永遠是你的家，我們都是你的親人，是你永遠的退路。」

雖然小李知道大家的很多話都是酒席上說的客氣話，自己也從來沒想過還要回來，也沒有想過如果真的回來了，他們是否還會要自己，但是小李卻為之感動著。

大公司還在等著小李。到車站接小李的經理對他說：

「我是因為被你的責任心感動了，才寧願等你三個月，而不招聘新人。其實，任何一家公司都很在乎職員的責任心，特別是對於技術員來說，有時責任心是比技術更重要的東西。」說著，他像小李原來的經理那樣，拍了拍小李的肩膀對他說，「好好做！」小李立刻感覺自己熱血沸騰，感覺自己這一段時間以來的工作都沒有白做。晚上，躺在大公司為自己準備的宿舍裡，小李想了很多，心裡充滿感激。

在大公司前三個月，小李工作很出色，很得主管的賞識和信任，與同事的關係也相處得很好。他以為自己會一直這樣下去。但是他沒有想到，事情會突然發生變化……

招聘小李來的那位經理被調離了職位，代替他的經理對公司進行了改革，很多職位都換上了他自己的親信。因為小李是原來的經理招聘過來的，又是在工作之初就受到重視的員工，新來的經理誤認為他是原來經理的親信員工。於是，便找了個理由，無情地將小李開除。

一切都像做夢一樣，在來急急忙忙工作了三個月之後，小李失業了。那天晚上，他喝了很多酒。醉意中，他想起了原本那家公司，想起了原來經理說的話。此時此刻，「獨在異鄉為異客」，這些話讓小李感覺如同親人一般。他很想找個人訴說一下。於是，他打給原來的經理。

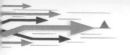

第三章　對你的公司負責

　　當經理仔細傾聽小李說完之後，停了一會，他對小李說：「小李，你還是回來吧！」小李本來並沒有想到要再回去上班，只是在異地也沒有什麼親人和朋友，沒有人傾訴。聽了經理的話，他愣住了：「你們不是找好了人嗎？我再回去，還行嗎？」

　　「這樣吧。」經理對小李說，「你耐心地等幾天，我明天把這個消息對公司的主管和同事說一下，我們開個會討論一下，看看大家的意見。你千萬別灰心，耐心等我的消息，好嗎？」小李在電話的那頭流著淚點了點頭。

　　小李心想，經理是不是在安慰自己啊？怎麼會叫自己再回去呢？技術員如今也不缺少了，小陸在這麼長的時間裡應該已經適應了自己的工作，並很熟悉了。再說，自己原來的公司本來規模也不大，他們沒有必要再請一名技術員，那麼，自己回去的可能性就很小了。小李告訴自己，別抱太大的希望了，還是好好想想自己以後怎麼辦吧！

　　但是，小李沒有想到，第二天晚上他就接到了經理的電話。經理對小李說公司裡的員工和主管一致同意讓他回去。小李聽了，淚水再也止不住了……

　　經理對小李說：「小李，我們這裡的條件不好，沒有你在大公司的薪資高。我們不可能給你開那麼高的薪資，公司的情況你也很了解，你再回來，薪資待遇就和原來一樣，可以嗎？」

> 小李流著眼淚對他說：「可以，謝謝您。」
>
> 經理說：「你還記不記得那天我對你說的話，這裡永遠是你的家，我們都是你的親人，是你永遠的退路。」小李感動得說不出來話了⋯⋯
>
> 如今，小李仍在這家公司工作。公司已逐漸成長壯大起來了，小李在公司的壯大中提升自己的實力，工作也更加賣力了。
>
> 幾年之後，小李已經做到了技術總監的職位，他的手下已經發展了五六名技術員了。小李在那段不堪回首的經歷中明白了：任何時候都要把自己的責任放在首位，工作就意味著責任，沒有責任感的員工不是優秀的員工。

因此，每一名員工都要牢記：無論做什麼事情，都不能忘記自己的職責；無論在什麼樣的工作職位，都要對自己的工作負責。

永遠不能打折的是責任心

每位老闆都很清楚自己最需要什麼樣的員工，哪怕你是一名做著最普通工作的一般員工，只要你擔當起了自己的責任，就會成為老闆最需要的員工。而只有那些承擔責任的人，才有可能被賦予更多的使命，才有資格獲得更大的榮譽。一個缺乏責任感的人，不僅會失去社會對自己的基本認可，而且會失去別人對自己的信任與尊重。

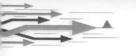

第三章　對你的公司負責

　　人可以不偉大，可以不富有，但不可以沒有責任心。「粗心、懶散、草率」這樣一些字眼，正是工作不負責任的表現，好多人就是因為工作粗心大意而丟掉了工作。

　　身為一名員工，對於自己所做的事情一定要盡心完成。不要以為自己不做會有人來做；不要以為自己不負責不會被人發現，不會對企業有什麼影響；也不要只注意數量而不在意品質，草草地完成任務。

　　「這不是我職責範疇內的事，我瞎操什麼心呀？」如果總是有這樣的想法，不管你的自身條件多好，你成功的機率也是非常渺茫的。因為你的這種不負責的態度，隨時有可能給公司造成不可估量的損失。

　　事實上，只要你是企業的一員，就有責任在任何時候維護企業的利益和形象。比如一名負責過磅稱重的小職員，由於懷疑計量工具的準確性，自己動手修正了它。這名小職員並沒有因為計量工具的準確性屬於總機械師而不是自己的職責，就不聞不管，聽之任之。正是他的這種責任心，為公司挽回了巨大的損失。

　　一個人的能力有大小，見識有高低，但責任心卻是平等的。有責任感的人才會嚴格要求自己，用「高投入」磨練自己，用高標準反省自己，追求工作的精確性和完美性。對責任內的工作，要做到有責任不推卸，有困難不畏縮，有麻煩不迴避；對主管交辦的事不說「不」，對日常工作不說「與我無關」，自覺維護公司的整體形象。

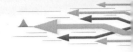

永遠不能打折的是責任心

責任是不分大小的，即使一絲一毫的不負責，也可能使一家擁有億萬資產的大公司面臨破產。責任保證了信譽，保證了服務、保證了敬業、保證了勝利……正是這一切，也保證了企業的競爭力。

在一些員工看來，只有那些有權力的人才有責任，而自己只是一名一般員工，沒什麼責任可言。一旦出現錯誤，有權力的人理應承擔責任。有這樣想法的員工，根本沒有意識到自己的責任。

一位零售業經理在一家超市視察時，看到自己的一名員工對前來購物的顧客極其冷淡，偶爾還發發脾氣，令顧客極為不滿，而他自己卻不以為然。

這位經理問清緣由之後，對這名員工說：「你的責任就是為顧客服務，令顧客滿意，並讓顧客下次還到我們這裡來消費，但是你的所作所為是在趕走我們的顧客。你這樣做，不僅沒有擔當起自己的責任，而且正在使企業的利益受到損害。你沒有承擔起自己的責任，也就失去了企業對你的信任。一個不把自己當成企業一分子的人，就不能讓企業把他當成自己的人，你可以走了。」

公司是由每一名員工組成的，大家有共同的目標和共同的利益，因此，公司裡的每一名員工都負載著企業生死存亡、興衰成敗的責任。這種責任是不可推卸的，無論你的職位是高還

85

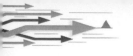

是低，意識不到這一點，就是失職。

　　在一家企業裡，員工責任感的高低在很大程度上能夠決定這家企業的命運。而員工責任感的匱乏，往往會成為一家企業營運不善的直接原因。那些缺乏責任感的員工，不會視企業的利益為自己的利益，也就不會處處為企業著想。這樣的員工被解僱是遲早的事。

　　在任何時候，責任感對企業都不可或缺。要將責任感根植於內心，讓它成為我們腦海中一種強烈的意識。在日常行為和工作中，這種責任意識會讓我們表現得更加卓越。

責任勝於能力

　　在一堂企業人力資源培訓課上，講師問了學員們這樣一個問題：

　　一個公司有四種人，你覺得其中哪一種人對公司的危害最大？你覺得公司首先會開除哪一種人？

　　第一種：有能力，並努力做事的；

　　第二種：有能力，卻不好好做事的；

　　第三種：無能力，會認真做事的；

　　第四種：無能力，也不好好做事的；

　　學員們聽完這道題後，先是有一些觸動和感慨，接著便是相互竊竊私語。這時，講師緩緩道來：「我們可以肯定的是：第

一種人，永遠是受歡迎的；第三種人，公司也會用。唯一存在爭論的就是第二種人和第四種人的選擇。一個公司首先肯定會開除第二種人。原因是第四種人雖然不受歡迎，公司不喜歡那樣的員工，但是他們不至於會興風作浪，危害公司。而第二種人很聰明，能做好卻不做，比不會做而不做的人更加可惡，因為他們缺少責任心。工作中，他們對公司的危害遠遠大於第四種人。這道題正說明了責任大於能力這句話的意義。」

一個人工作做得好壞，最關鍵的一點就在於有沒有責任感，是否認真履行了自己的責任。如果一個人沒有責任感，即使有再大的能力也是空談；而當一個人有了責任感，他就有了熱情、有了忠誠、有了奉獻、有了執行力……他的生命就會閃光，他就能在工作中激發自己最大的潛能。

在實際工作中，關係到你能否獲得成功的往往不是能力，而是你對於工作的態度，也就是責任感。

> 一家公司的人力資源部主管正在對應聘者進行面試。除了專業知識方面的問題之外，還有一道在很多應聘者看來似乎是小孩子都能回答的問題。不過正是這個問題將很多應聘者拒之於公司的大門之外。題目是這樣的：
>
> 在你面前有兩種選擇：第一種選擇是，擔兩擔水上山給山上的樹澆水，你有這個能力完成，但會很費力。還有一種選擇是，擔一擔水上山，你會輕鬆自如，而且

會有時間回家睡一覺。你會選擇哪一個？

絕大多數應聘者選擇了第二種。

當人力資源部主管問道：「你擔一擔水上山，沒有想到這會讓樹苗很缺水嗎？」遺憾的是，很多人都沒想到這個問題。

一個年輕人卻選了第一種做法。當人力資源部主管問他為什麼選擇第一種做法時，他說：「擔兩擔水雖然很辛苦，但這是我能做到的，既然能做到的事為什麼不去做呢？何況，讓樹苗多喝一些水，它們就會長得很好。為什麼不這麼做呢？」

最後，這個年輕人被留了下來。而其他人，都沒有通過這次面試。

對此，該公司的人力資源部主管是這樣解釋的：「一個人有能力或者透過一些努力就能夠承擔兩份責任，但他卻不願意這麼做，而只選擇承擔一份責任，因為這樣可以不必努力，而且很輕鬆。這樣的人，我們可以認為他是一個責任感較差的人。」

當你能夠盡自己的努力承擔兩份責任時，所得到的收穫可能就是綠樹成林；相反，你看起來也在做事，可是由於沒有盡心盡力，所獲得的可能就是滿目荒蕪。這就是責任感不同的差距。

責任勝於能力

責任可以改變對待工作的態度,而對待工作的態度,決定了你的工作成績。在工作中,我們要清醒、明確地認識到自己的職責,履行好自己的職責,發揮自己的能力,克服困難,從而完成工作。

林銘峰大學畢業後,到一家鋼鐵公司實習。在這期間,他發現很多煉鐵的礦石並沒有得到充分地冶煉,其中還殘留著鐵。如果長期以往這樣下去的話,公司豈不是會有很大的損失?

於是,林銘峰找到了負責這項工作的工人,跟他說明了問題。但這名工人說:「如果技術有了問題,工程師一定會跟我說;現在還沒有哪一位工程師向我說明這個問題,說明現在沒有問題。」林銘峰又找到了負責技術的工程師,對工程師說明了他看到的問題。工程師很自信地說他們的技術是世界上一流的,不會有這樣的問題。他並沒有把林銘峰說的看成是一個很大的問題,還暗自認為林銘峰是因為想博得主管的好感而在表現自己。

但是林銘峰認為這是個很大的問題,於是拿著沒有冶煉好的礦石找到了公司負責技術的總工程師,對他說:「先生,我認為這是一塊沒有冶煉好的礦石,您認為呢?」

總工程師看了一眼,說:「沒錯,年輕人,你說得對。這塊礦石是從哪裡來的礦石?」

林銘峰說:「是我們公司的。」

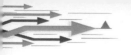

第三章　對你的公司負責

> 　　「怎麼會？我們公司的技術是一流的，怎麼可能會有這樣的問題？」總工程師很詫異。
>
> 　　「工程師也這麼說，但事實確實如此。」林銘峰堅持道。
>
> 　　「看來是出問題了。怎麼沒有人向我反映？」總工程師有些發火了。
>
> 　　總工程師召集負責技術的工程師來到生產線，果然發現了一些冶煉並不充分的礦石。經過檢查發現，原來是監測機器的某個零件出現了問題，才導致了冶煉不充分。
>
> 　　公司的總經理知道了這件事之後，不但獎勵了林銘峰，而且還晉升他為負責技術監督的工程師。
>
> 　　總經理不無感慨地說：「我們公司並不缺少工程師，但缺少的是負責任的工程師，這麼多工程師中沒有一個人發現問題，並且有人提出了問題，他們還不以為然。對於一家企業來講，人才是重要的，但是更重要的是真正有責任感和忠誠於公司的人才。」

　　世上沒有做不好的工作，只有不負責任的人。任何一位老闆都會非常注重員工的責任感。有較強責任感的員工不僅能夠得到老闆的信任，也為自己的事業在通往成功的道路上奠定了扎實的基礎。

盡職盡責，盡善盡美

一個人不管從事什麼職業，處在什麼職位，都有其擔負的責任，都有自己分內應做的事情。做好分內的事情是每個人的職業本分，既然你選擇了這份工作，就應該承擔起這份責任，因為工作就意味著責任。

有這樣一則故事，頗令人深思。

公司要裁員，在裁員的名單中有辦公室的小燦和小燕，公司通知她們在一個月之後離職。那天，大夥兒看到她倆時都小心翼翼，更不敢和她們多說一句話。因為，她倆的眼圈都紅紅的。這事發生在誰身上都難以接受。

這是小燦和小燕在公司的最後一個月，第二天上班，小燦的情緒仍很激動，誰跟她說話，她都像灌了一肚子火藥似的，對誰都「開火」。裁員名單是老闆定的，跟其他人沒關係，甚至跟辦公室主任都沒關係。小燦也知道，可心裡憋氣得很，又不敢找老闆去發洩，只好找杯子、資料夾、抽屜出氣。「砰砰」、「咚咚」，大夥兒的心忐忑不安，空氣都快凝固了。人之將走，其行也哀，誰忍心去責備她呢？

小燦仍舊感覺沒有出氣，又去找主任訴冤，找同事哭訴。「為什麼把我裁掉？我做得好好的……」她一邊抱怨，一邊淌眼淚。同事們看著她的樣子也心裡酸

酸的，恨不得一時衝動讓自己替下小燦。自然，辦公室訂便當、傳送檔案、收發信件，原來屬於小燦的職責範圍，現在都無人過問。

　　不久聽說，小燦找了一些人到老闆那裡說情，好像都是重量級的人物。事情可能有轉機，這讓小燦高興了好幾天。可是不久又聽說，這次誰也通融不了。小燦再次受到打擊，總是用帶著怨氣的目光在每個人臉上刮來刮去，彷彿有誰在背後搞鬼，她要把那人用眼睛挖出來一般。許多人開始怕她，都躲著她。小燦原來很討人喜歡，但後來，她人未走，大家卻有點討厭她了。

　　小燕也很討人喜歡。同事們早已習慣了這樣吩咐她：「小燕，把這個處理一下，快點！」「小燕，快把這個傳出去！」小燕總是連聲「好的」，手指像她的舌頭一樣靈巧。

　　裁員名單公布後，小燕哭了一晚上，第二天上班也無精打采，可打開電腦，拉開鍵盤，她就和以往一樣地工作了。小燕見大夥兒不好意思再吩咐她做什麼，便主動跟大家打招呼，問有什麼工作需要自己做的。她認為是福跑不了，是禍躲不了，反正這樣了，不如做好最後一個月，以後想做恐怕都沒機會了。小燕心裡漸漸平靜了，仍然勤勞地打字影印，隨叫隨到，堅守在自己的職位上。

盡職盡責，盡善盡美

> 　　一個月滿，小燦如期離職，而小燕的名字卻從裁員名單中被刪除，她留了下來。主任當眾傳達了老闆的話：「小燕的職位，誰也無可替代；小燕這樣的員工，公司永遠不會嫌多。」
>
> 　　小燕被公司留下的原因就是因為她對工作盡職盡責，一絲不苟，有始有終。

　　盡職盡責是對工作職責的勇敢擔當；是對工作環境的積極適應；也是對自己所負使命的忠誠和信守。前微軟公司總裁比爾蓋茲在被問及他心目中的最佳員工是什麼樣時說：「一名優秀的員工應該對自己的工作盡心盡力，當他為客戶介紹本公司的產品時，應該有一種傳教士布道般的狂熱！只有把自己的本職工作當成一項事業去做的員工，才可能有這種宗教般的熱情，而這種熱情正是驅使他盡心盡力地工作的最重要因素。」

　　無論做什麼事都需要盡職盡責，這對你日後事業上的成敗有著決定作用。盡職盡責，會為我們能更好地工作提供可能。在工作中，我們還應該時刻記住：工作是我們生命的重要部分，是充滿熱情的。既然你選擇了你的工作，選擇了你的職業，就要有意識地將它做好，將它做得出類拔萃。這不僅會給公司、個人帶來利益，還會使你實現自我價值。

　　只要你能認真、勇敢地擔負起工作責任，就會使自己的工作變得有價值，從而贏得老闆的賞識。不管你從事哪種職業，

都應該盡心盡力，發揮自己的最大潛力，以求得不斷的進步。這不僅是工作的原則，也是做人的準則。只有那些盡職盡責工作的人，才能被賦予更多的使命，才能更容易地走向成功。

認清自己的責任

這是一個有關大象的故事，儘管牠們只是動物，卻和人一樣，也懂得責任。雖然和人相比，大象的責任似乎更多了幾分悲憫。

在非洲大草原上，生活著一群大象。這些大象相依為命，別看牠們身形巨大，但是牠們的生存能力並沒有那麼強大。

有一年夏天，降雨很少，而大象需要的水卻特別多。牠們生活的地方已經沒有多少水了，牠們必須去尋找新的水源。這群大象開始了流浪，因為牠們也不知道哪個地方的水更多。

在牠們尋找水源的過程中，一頭母象產下了一頭小象。整個大象群都很開心，牠們不時地用鼻子發出喜悅的聲音。但是，母象卻很擔心，因為牠擔心小象支撐不到找到水的那一天。非洲的夏天熱得不得了，大象們無精打采地走啊走，牠們已經沒有多少力氣了。

很多大象已經慢慢地倒下了，還有一些大象趁著自己還沒倒下，就悄悄地離開了，因為牠們不忍心讓別的大象看到自己死去的樣子。

這些大象每次發現水，就讓小象喝，因為小象比牠們更虛弱。但是，每次找到的水都太少了，小象沒喝幾口，水就沒了，所以很多大象一直都沒有水喝。

象群裡的大象越來越少了，但是剩下的大象並沒有放棄，因為一旦找到充足的水源，牠們就得救了。為了小象，為了同伴，牠們要繼續找下去。

堅守責任能夠使動物的世界生生不息，對人來說，承擔責任，則是守住生命最高的價值。

一位著名的企業家說：「當我們的公司遭遇到前所未有的危機時，我突然不知道什麼叫害怕了。我知道必須依靠自己的智慧和勇氣去戰勝它，因為在我的身後還有那麼多人，可能就因為我，他們從此倒下。我不能讓他們倒下，這是我的責任。所以我在最艱難的時候，才變得異常勇敢。當我們走出困境的時候，我簡直難以相信，自己會這麼勇敢嗎？是的，那一次遭遇讓我真正明白了，唯有責任，才會讓人超越自身的懦弱，真正勇敢起來。」

責任能夠讓人戰勝懦弱和恐懼，戰勝死亡的威脅，因為在責任面前，人們會變得勇敢而堅強。

第三章 對你的公司負責

有一支民間登山隊，他們要對世界第一峰 —— 珠穆朗瑪峰（Mount Everest）發起「進攻」。雖然人類攀登珠峰已經不止一次了，但這是他們第一次攀登世界最高峰。隊員們既激動又信心十足。他們有決心征服珠穆朗瑪峰。

經過考察後，他們選擇自己狀態很好、天氣也很好的一天出發了。攀登一直很順利，隊員們彼此照應，沒有出現什麼問題，高原缺氧的情況也基本能夠適應。在預定時間，他們到達了 1 號營地。大家都很高興，因為有了一個良好的開始，就等於成功了一半。

第二天，天氣突然發生了變化，風很大，還下著雪。登山隊長徵求大家的意見，要不要回去，因為要確保大家的生命安全。生命只有一次，登山卻還有機會。但是大家都建議繼續攀登，登山本來就是對生命極限的一種挑戰。

於是，登山隊繼續前進。儘管環境很惡劣，但是隊員們征服自然、征服珠穆朗瑪峰的信心十足。大家都在小心翼翼地向上攀登。「隊長，你看！」忽然，一名隊員大喊。大家循聲望去，只見在離他們很遠的地方發生了雪崩。雖然很遠，但雪崩的巨大衝擊力波及到了登山隊，一名隊員突然滑向另一邊的山崖。還好，在快落下山崖的那一刻，他的冰錐緊緊地插進了雪層裡，這才使他沒有滑落

下去。但他隨時都有可能被雪崩的衝擊力推下去。

形勢嚴峻，如果其他隊員來營救山崖邊的隊員，就有可能被雪崩的衝擊力沖下山崖。如果不救，這名隊員將在生死邊緣徘徊。

隊長說：「還是我來吧，我有經驗，你們幫我。大家把冰錐都死死地插進雪層裡，然後用繩子綁住我。」

「這很危險，隊長。」隊員們說。

「已經沒有猶豫的時間了，快！」隊長下了死命令。大家迅速動起手來。隊長繫著繩子滑向懸崖邊，死命地拉住了那名抱住冰錐的隊員，其他隊員用力把他倆往上拉。就在下一輪雪崩衝擊到來之前，隊長救出了這名隊員。

全隊沸騰了，經過了生死的考驗，大家變得更堅強了。

最終，登山隊征服了珠峰。站在珠峰上，他們把隊旗插上頂峰的那一刻，也把他們的榮譽和責任留在了世界上最純淨的地方。

後來，隊長說：「當時我也非常害怕，隨時可能屍骨無還。但我知道，我有責任去救他，我必須這麼做。責任的力量太大了，它戰勝了死亡和恐懼。真的。」

責任不僅讓人勇敢，還能戰勝死亡和恐懼。面對責任，我們無從逃避，只有勇敢地迎上前去。能夠這樣挑戰生命及困難的人，就是一個堅強的人。

第三章　對你的公司負責

發揮勇於負責的精神

責任，是一種與生俱來的使命，伴隨著每一個人生命的始終。無論你從事的是怎樣的職業，都應該盡職盡責地把自己的本職工作做好。只要你還屬於企業的一員，就有責任在任何時候維護企業的利益和形象。沒有責任感的員工是不能成為一名優秀員工的，同樣，也不會是企業所需要的員工。

任何一位老闆都很注重員工的責任感，可以說，員工沒有責任感，企業就不能成其為一個企業，員工的責任感在很大程度上能決定一個企業的命運。對企業來說，正因為有了有責任感的員工，盡職地做好各項工作，才能保證企業的發展，提高競爭力。也只有那些勇於承擔更多責任的員工，才可能被賦予更多的使命，在企業中擔當重任，有資格獲得更多的報酬和更大的榮譽。因此，對於員工而言，多點責任也意味著多些個人發展的機會。

小張和小王是同一家瓷器公司的員工，她們倆工作一直都很出色，上司也對這兩名員工很滿意，可是一件事卻改變了兩個人的命運。

一次，小張和小王一同把一件很貴重的瓷器送到客戶的商店。沒想到送貨車開到半路卻壞了。因為公司有規定：如果貨物不在規定的時間送到，要被扣掉一部分獎金，於是，小張二話不說，抱起瓷器一路小跑，終於

在規定的時間趕到了地點。這時，心存小算盤的小王想：「如果客戶看到我抱著瓷器，把這件事告訴老闆，說不定會給我加薪呢。」於是，小王搶著從小張懷裡抱過瓷器，卻沒抱住，瓷器一下子掉在了地上，「嘩啦」一聲碎了。兩個人都知道瓷器打碎了意味著什麼，一下子都呆住了。果然，兩人回去後，遭到老闆十分嚴厲的批評。

隨後，小工偷偷對老闆說：「老闆，這件事不是我的錯，是小張不小心弄壞了。」

老闆把小張叫到了辦公室。小張把事情的經過告訴了老闆，最後說：「這件事是我們的失職，我願意承擔責任。小王年齡小，家境不太好，我願意承擔全部責任。我一定會彌補我們所造成的損失。」兩人一起等待著處理的結果。一天，老闆把他們叫到了辦公室，當場任命小張擔任公司的客戶部經理，並且對小王說：「從明天開始，你就不用來上班了。」

老闆最後說：「其實，那個客戶已經看見了你們倆在遞接瓷器時的動作，並把經過告訴了我。還有，問題出現後從你們兩個人的反應中我看到了誰更有責任感。」

小王推卸責任落得個失業的下場，而小張只是多了點責任心，就輕易地獲得了升遷的機會。機會就是喜歡更有責任心的人，老闆就是喜歡責任感強的員工。

第三章　對你的公司負責

　　盡職盡責就是要勤懇努力、兢兢業業，不計個人得失，時刻為企業的利益著想。工作中的很多失敗都源於責任心的缺乏。責任心是做好每一份工作的必要前提。因此，任何一家企業都會毫不猶豫地剔除不負責任的員工，而那些盡職盡責的人則備受歡迎。

　　身為一名員工，更要建立起負責任的觀念，抱著多做一點、勇於多擔一點責任的心態，才能獲得更多機會，取得最佳的結果。

第四章　與公司一起成長

　　只有企業不斷地發展擴大，員工才會得到發展。
因此，員工應該樹立維護和建設企業這個載體的意識，
只有這個載體越來越大，越來越好，才能為員工創造
更多的機會，提供更大的發展空間。對每名員工來說，
與公司一起乘風破浪永遠都是你的神聖職責。

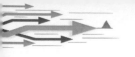

第四章　與公司一起成長

與公司同舟共濟

　　公司是一條航行於驚濤駭浪中的船，老闆是船長，員工是水手，一旦上了這條船，員工的命運和老闆的命運就連在一起了。老闆和員工有著共同的前進方向，有著共同的目的，有著共同的利益，公司的命運就是所有員工的命運。

　　如果一名員工選擇了為公司工作，就應該對公司負責，對自己負責，應該意識到公司利益與個人利益是一致的。員工需借助公司的平臺發揮自己的才智，即使面對平凡的職位，也要盡職盡責，以高度的熱情為公司創造價值，只有公司有了好的發展，員工個人的價值才能更好地實現。

　　　　雅琪在一家房地產公司做電腦打字員。她學歷不高，又沒有什麼一技之長，她知道工作認真刻苦是自己唯一可以和別人一爭短長的資本。所以，雅琪處處為公司打算，列印紙不捨得浪費一張，如果不是要緊的資料，她會把一張列印紙雙面列印使用。

　　　　一年後，公司資金運作困難，員工薪資開始告急，人們紛紛跳槽，最後，總經理辦公室的工作人員就剩下雅琪一個。人少了，雅琪的工作量也陡然加重，除了打字，還要做些接聽電話、為老闆整理檔案的工作。有一天，雅琪走進老闆的辦公室，直截了當地問老闆：「您認為自己的公司已經垮了嗎？」老闆很驚訝，說：「沒有！」

「既然沒有，您就不應該這樣消沉。現在的情況確實不好，可很多公司都面臨著同樣的問題，並非只是我們一家。而且雖然您的 3,000 萬元砸在了工程上，成了一筆呆帳，可是公司沒有全死呀！我們不是還有一個公寓專案嗎？只要好好做，這個專案就可以成為公司重整旗鼓的開始。」說完，她拿出了那個專案的企劃文案。隔了幾天，雅琪被派去完成那個專案。五個月後，那片地段不算太好的公寓全部售出，雅琪為公司拿到 5,800 萬元的支票，就這樣公司終於有了起色。

以後的兩年，雅琪作為公司的副總經理，幫著老闆完成了好幾個大專案，又忙裡偷閒，炒了大半年股票，為公司淨賺了 1,000 萬元。

又過了兩年，公司改成股份制，老闆當了董事長，雅琪則成了新公司第一任總經理。在年底的員工大會上，老闆請雅琪上臺講話。

雅琪說：「公司就好比一艘船，既然上了船，船遇到驚濤駭浪，就應該同舟共濟。」

在這裡，我們要說的並不是雅琪有卓越的能力，而是她自始至終都與公司風雨同舟的精神。這個世界並不缺少卓爾不群的人，而是很少有與公司共命運的人。無數的企業都在努力尋找這樣的人，但是，在許多員工的眼裡，似乎從來沒有把發展公司當成自己的責任，而是想方設法去謀取更高的薪水。一旦

第四章　與公司一起成長

公司出現什麼危機，這些人心裡永遠只有自己的利益。他們會以最快的速度跳下這艘漏水的船，而不會想著如何去搶救和保護它。這樣的人也許能夠謀取一份可以生存的工作，但永遠也難以在一生中取得任何成就。

> 有一家生意不錯的旅行社，在老闆出差期間，被競爭對手搶去了大部分業務。旅遊旺季到來之時，這家旅行社以往的簽約顧客居然一個都沒有來。旅行社陷入了前所未有的危機之中。
>
> 老闆覺得很對不起公司的員工，對他們說：「現在，公司的資金出現了周轉困難，要是在平時，如果有人想辭職，我會挽留，但是如今我會立刻批准，因為我已經沒有理由挽留大家了。我會給你們發完兩個月的薪水，在你們找到新的工作之前，這些錢可能還夠用。」
>
> 「老闆，我不走，我不能在這個時候離開。」一名員工說。
>
> 「老闆，我們一定會戰勝困難的。」另一名員工說。
>
> 「是的，我們不會走的。」很多員工都這樣說。
>
> 後來這家旅行社不但沒有倒閉，甚至比以前做得更好。
>
> 每次提及此事，老闆總是說：「這要感謝我的員工，在我最危難的時刻，是他們的忠誠幫助公司戰勝了困難。」的確，是忠誠拯救了這家公司。

公司的成長就像個人的成長一樣，都不是一帆風順的。誰都希望自己所在的公司能夠不斷發展壯大，但是，一家公司在發展的過程當中，難免有時會陷入困境。而此時，正是考驗員工忠誠度的最佳時機。

俗話說：「疾風知勁草，烈火見真金。」在關鍵時刻如果你能夠堅守自己的職位，為公司獻計獻力，為老闆排憂解難，幫助公司順利度過難關，公司和老闆就會因你的忠誠表現而信任你。雖然處於困境中的公司不能馬上為你提供更為優厚的條件，但一旦公司度過危機，你便會獲得更高的回報。

實際上，你所在的公司就是一條航行於驚濤駭浪中的船，每一名員工都是船上的水手，一旦上了這條船，員工的命運就和公司的命運緊緊地拴在一起了，所有的員工都應該全力以赴把船划向成功的彼岸。但是，在很多員工的眼裡，似乎從來沒有把公司發展當成自己的責任，而是想方設法去謀取更多的薪水。一旦公司出現困難、陷入困境，便會另謀出路。這樣的員工不僅實現自己的抱負和人生價值，甚至往往還會因缺乏忠誠而失去工作的機會。

總之，員工只有與公司共患難，才可能與公司同成長；只有抓住機會證明自己的忠心與稱職，老闆才會感到你的忠誠，給予你更多的報酬與器重。公司的危難是檢驗員工忠誠度的最佳工具。與公司共命運、共患難，永遠是員工忠誠於公司的最好行動。

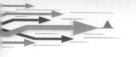

第四章　與公司一起成長

公司是我們生存和成長的平臺

　　公司是每名員工發展自我、展現自我的舞臺，不但為我們提供了生存的資本，還為我們提供了成長和發展的空間。員工的成長需要依靠公司搭建的平臺，有賴於公司的成功與發展。作為公司這艘航船上的船員，每名員工都需要全力以赴，把自己與公司的命運結合在一起，展現自己的實力與能力，同公司一起成長，最終實現個人與公司共同和諧雙贏。在公司得到發展的同時，員工的個人價值也得以實現。

　　前強生公司總裁詹姆士·伯克（James Burke）說過：「沒有公司的贏，就沒有員工的自我價值的實現；沒有公司的贏，也就沒有員工的發展。但是如果沒有雙贏，就沒有企業的長盛不衰。員工成長是公司發展的動力，公司發展是員工成長的根基，只有共同成長才能實現雙贏。」從這個意義上說，公司的興亡不僅和公司裡每一名員工的切身利益有著直接的關係，而且還維繫在企業的每一名員工身上。

　　　　王某在一家只有二三十人的電腦配件製造公司工作，他的老闆劉某，只是一個比他大三歲的年輕人。就在王某到公司的第三個月，公司接到了一份大訂單——為某電腦公司加工 60 萬顆電腦硬碟。這對當時的公司來說，已經是個很大的訂單了。這筆訂單能否順利完成，

公司是我們生存和成長的平臺

對公司今後的發展關係重大。公司上下馬上就忙碌了起來，並將全部的資金都投入到這個專案中去了。

然而，商場風雲變幻莫測。一方面由於技術不過關，另一方由於管理上的疏忽，這家公司所生產的硬碟出現了嚴重的品質缺陷，被全部退貨。對於這樣的小公司來說，這無疑是一個極其沉重的打擊，公司不但沒有賺到錢，反而欠了銀行的債。銀行知道消息後，不斷上門來逼債。後來，連支付水電費都成了問題。

但老闆劉某還是四處籌借到了發薪資的錢款。發薪資時，老闆召開了會議，向員工闡明了公司目前面臨的窘境，並提出希望員工能夠和他共同來應對這場困難。在了解公司的境況後，許多員工都選擇了辭職。還有一部分員工認為公司走到這一步，應該完全由老闆劉某承擔責任，所以他們要求老闆向他們支付失業賠償金。其中就有以往對老闆表示過忠心的人，這使老闆劉某感到很傷心，但是他毫不猶豫地在他們的賠償協議書上簽了字。那些原來沒有打算索要賠償金的員工見此情景也紛紛要求賠償，老闆都一一滿足了他們。

當看著那些平日裡信誓旦旦說要和自己共同打拚的員工離自己而去時，劉某感到十分孤單。他以為公司就剩下他一個人了。但當他走出自己的辦公室時，驚訝地發現還有一個人在安靜地工作，這個人就是王某。他是

一個平日裡並不怎麼接近老闆，也很少和老闆交談的員工。看到這個情景，老闆非常感動。他走到王某面前說：「你為什麼沒有向我索要賠償金呢？如果你現在要，我會給你雙倍的。我現在雖然已經身無分文了，但我相信我的朋友會幫助我的。」

「賠償金？」王某笑了笑，「我根本就沒有想過要離開，為什麼索要賠償金呢？」

「你不打算離開公司？」老闆劉某顯得非常驚訝，「難道你認為公司還有希望嗎？說實話，我自己都失去信心了。」

「不，我認為公司還大有希望，你是公司的老闆，你在，公司就在；我是公司的員工，公司在，我就該留下來。」王某說。

老闆被他深深地感動了：「有你這樣的員工，我當然應該振作起來！但是，我不忍心讓你和我一起吃苦，我事實上已經破產了，你還是去找新的工作吧。」

「老闆，我願意留下來和你一起吃苦。公司發展好的時候，我來到了公司；如今公司有了困難，我就離開，這樣太不道德了。只要你沒有宣布公司關門倒閉，我就有義務留下來。你剛才不是說你的朋友願意幫助你嗎？如果你把我當做朋友，那就讓我來幫助你吧，我可以不要一分錢。」

　　王某堅定地留了下來，並把自己多年的積蓄借給了劉某。劉某為了償還銀行和員工的賠償金，賣掉了自己的加工生產線和所有的設備，也賣掉了汽車和房子。接下來的日子裡，他們轉變了經營的重心，開始給一些軟體公司寄銷軟體。這種方式的投入很小，公司很快就有了轉機。在半年的艱苦奮鬥後，公司終於開始盈利了。從此後，公司進入了快速發展的階段，一年多以後，公司就出負債轉為盈利了。

　　一天，工作之餘，王某和老闆劉某在一家咖啡館喝咖啡。劉某誠懇地說：「在公司最困難的時候，是你給了我最大的幫助。當時我就想把公司 1/3 的股份交給你，但那時公司還沒有脫離困境，我怕拖累你；現在公司終於起死回生了，我覺得是時候把它交給你了。同時，我真誠地邀請你出任公司的副總經理。」劉某說著，將聘書和股權證明書一起交給了王某。

　　從上面的這個故事，我們可以看出，員工也是企業的主人。公司在發展的道路上難免碰到風雨，此時，你是轉身離開呢，還是堅持留下來跟公司並肩戰鬥？愚蠢的人會選擇前者；而聰明的人會選擇後者，他們認為自己是公司的一員，就應該自始至終地追隨公司。公司遇到困難只是暫時的，只要老闆與員工攜手並肩作戰，就可以度過難關，贏得美好的未來。所

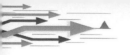

以，當你登上了公司這個大舞臺，就必須和公司共命運，必須和老闆同舟共濟。

　　總之，如果我們都能從自身做起，秉著「我與企業共命運，我與企業同進步」的理念，腳踏實地，兢兢業業，在風起雲湧的市場經濟大潮中就能練就強健的體魄，乘風破浪，成就屬於自己的事業。

把公司當成自己的公司

　　每一名員工都應該把自己所在的公司看成是自己開的公司，這樣你才會竭盡所能，主動、高效、熱情地完成自己的任務，用心去打造屬於自己的角色。正如前英特爾公司總裁安迪‧葛洛夫（Andy Grove）所說：「不管你在哪裡工作，都別把自己當成員工，而應該把公司看做是自己經營的。自己的事業生涯，只有你自己可以掌握。不管什麼時候，你和老闆的合作，最終受益者也是你自己。」

　　　　小王是一個頗有才華的年輕人，但是對待工作總是顯得漫不經心。為此，他的好朋友小李專門找他做過交流，他的回答是：「這又不是我的公司，我沒有必要為老闆拚命。如果是我自己的公司，我相信自己一定會比他更努力，做得更好。」

　　　　一年以後，小王打電話告訴小李他離開了原來的公

把公司當成自己的公司

司，自己獨立創業，開辦了一家小公司。並告訴小李他會很用心地經營好它，因為這是他自己的公司。小李對小王表示祝賀，同時也提醒他注意，對未來可能遭遇的挫折一定要有足夠的心理準備。

半年以後，小李又一次得到了小王的消息 —— 小王一個月前關閉了公司，重新回到上班族行列，理由是「我發現原來有那麼多的事要我去做，實在是應付不了」。

由此可見，如果你在工作時不把自己當老闆，始終把自己擺在從屬、雇傭的地位，在這樣消極的心態下，該去想的你也不去想了；該做到最好的，你也敷衍了事。實際上，這會讓你失去很多歷練的機會，讓你失去發揮自己聰明才智的機會。同時，這種惡劣的態度也會進一步影響你的心態和工作熱情。與此相反，把自己看做公司的主人，認為這是在給自己做，你就會對工作充滿熱情，工作起來渾身是勁，沒有克服不了的困難和障礙。這種積極的心態，會激發你的潛能，使你的聰明才智發揮到極致。可想而知，結果肯定會是好的。

把公司當做自己的公司，不只是一種想法、一種觀念，更是一種行動。要在任何時刻都表現出你對公司的熱愛。如果你討厭自己工作的公司，或者僅僅把公司當成自己謀生的場所，那麼還是盡快辭職吧，否則你不僅是對老闆的一種傷害，更是對你自己心靈的一種傷害。其實，除了家庭，我們每天在公司

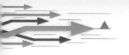

第四章　與公司一起成長

工作的時間是最多的，我們應該像熱愛家庭一樣熱愛公司。

> 瑪麗是紐約一家公司的普通職員。因為學歷不高，公司給她分配的任務就是每天接聽電話，記錄客戶反映的情況，但是她卻做得更多。每天，她總是提前半個小時就到達辦公室，當其他同事來上班的時候，她已經把辦公室打掃得乾乾淨淨，整個辦公室因為有了她而變得更加清潔和美觀。在工作上，她總是盡自己最大的能力多做一些。在她的眼裡，完成自己的任務還遠遠不夠，她總是想方設法多為公司做一些事情。她說：「我愛我的公司，它已經成為我生命的一部分。」

每家公司的職員都應該向瑪麗學習。也許你比她更有能力，也許你比她更有學識，但是如果你沒有瑪麗這種熱愛公司的精神，就難以在公司裡取得卓越成績。

作為企業的一員，把自己當成企業的主人是做好一切工作的前提。因為只有把自己當成企業的主人，才能夠主動維護企業利益，才能夠顧全大局，正確處理個人與企業利益的關係。

有一條永遠值得人們銘記的道理：把自己看做公司的主人，你就會走向成功。只要你是公司的一員，就應該以公司為家，和公司榮辱與共，投入自己的忠誠和責任，盡職盡責，處處為公司著想，理解公司面臨的壓力，帶著作為公司主人的態度去應對一切。

幫助你的老闆成功

在企業中，老闆和員工的關係就是一種合作的關係。為了一個共同的目標，老闆與員工應相互配合，形成一種共贏的模式。

任何人都清楚，個人的成功是建立在團隊成功之上的，沒有企業的快速成長和高額利潤，我們也不可能獲取豐厚的薪資。可以說，企業靠員工發展，員工靠企業生存。

老闆為了企業的利益，會激發和引導員工做好各項工作；員工得到老闆的讚賞和指導，則會發揮無窮的力量，使企業增效節流；企業發展了，老闆和員工雙方都會獲得應得的利益。這就是相互合作，謀求共贏之道。

眼界決定境界，思路決定出路。身為一名員工，要處處為公司著想，與公司制定的長遠目標保持步調一致，全力以赴為公司創造財富。不要僅僅把眼光盯在自己的位置上，而要站在自己老闆的位置上來考慮問題，當公司效益好，老闆成功了，員工自然也就成功了。

作為公司的領導人，老闆主宰公司的命運。但他並非全才，在工作中也會遇到許多難題。這些難題也許不是你分內的工作，但如果你能發揮主人翁的精神，主動地幫助老闆解決這些難題，無疑會使公司獲得更大的成就，使你更受老闆的青睞，從而在成功的路上前進得更快。

第四章　與公司一起成長

> 愛麗絲在一家商貿公司任國際市場部經理。她接到了一項緊急任務：根據老闆的留言，製作公司業務進展曲線圖表。愛麗絲在起草圖表時，注意到老闆這樣寫道：「美元堅挺，則出口就會增加。」而愛麗絲了解的事實恰恰相反。於是，愛麗絲便通報老闆，告知已經及時地糾正了這一錯誤。
>
> 老闆很感謝愛麗絲發現了他的疏忽。第二天，當愛麗絲向上呈報未出絲毫紕漏的圖表後，老闆對她做出的努力再次道謝。月底，愛麗絲發現自己的薪資有所增加。

在工作中，每一名員工都要設身處地地為老闆著想，以老闆的心態考慮問題，為老闆出謀劃策，真誠實意地提出合理化建議。特別是要在適當的時候，為老闆填補一些工作上的漏洞，成為老闆的得力助手。

> 卡爾是某軟體公司技術開發部的助理。有一次，他的頂頭上司為一家公司設計財務軟體系統時遇到了難題。卡爾意識到上司承受著開發軟體系統的壓力，便自告奮勇組織攻關，負責開發一個新的體系。上司高興地同意了他的意見，於是這個攻關小組開發出了一個有改進的系統。之後的一次組織機構改組中，卡爾的上司升任了主任，隨即卡爾被提為副主任。對卡爾開發並且成功地完成的這套系統，卡爾的上司給予了高度讚揚。

幫助你的老闆成功

獲得上司賞識和信任的最重要的一點就是幫助你的上司完成工作。在職場中，能否成功晉升，你的上司往往是重要的決定因素。要知道，上司的事情就是你的事情，上司發展順利，你也跟著發展順利；如果他們失敗，你的前途同樣一片黯淡。所以說，幫上司，就是幫你自己。

不管我們在哪裡工作，都要與公司共命運。雖然我們不是老闆，但我們都是企業中的一員，都要依靠企業來生存。雖然我們職位不同，但我們共同享受企業的榮譽，共同推進企業的發展。

員工與企業是互相依存的關係，誰也離不開誰。我們要想成長，就要以企業的成功為前提。讓企業成功，讓自己成長，這是員工應該具備的職業理念和生存法則。

企業的成功意味著老闆的成功，也意味著員工的成功，也就是說，你必須認識到，只有老闆成功了，你才能夠成功。老闆和員工的關係就是「一榮俱榮，一損俱損」，認識到這一點，你很快就能在工作中贏得老闆的青睞。

不要洩露公司的祕密

　　現代企業的競爭越來越激烈，為了不給競爭對手以可乘之機，每家公司都很看重自己的商業機密。但是任何一家公司都難以保證其每一名員工都能做到嚴守公司祕密。現實中，不可避免地會出現員工洩露自己公司商業祕密的情況。有的是因為員工粗心大意導致洩密，有的是因為員工缺乏商業機密的相關知識而在無意中洩密，有的則是員工由於經不住各種誘惑而惡意出賣公司的機密。如果說是前兩種情況導致公司機密洩露，還有情可原的話，那出於個人私利而惡意出賣公司的商業機密，則關係到員工的品德問題。任何一家公司的老闆都不希望看到這樣的員工出現在自己的公司。

　　　　勞倫斯在一家大公司工作，能說會道，才華出眾，所以他很快被提升為技術部經理。他認為，更好的前途正在等著他。

　　　　有一天，一位客戶請勞倫斯喝酒。席間，客戶說：「最近我的公司和你們公司正在談一個合作專案，如果你能把自己手頭的技術資料提供給我一份，這將使我們公司在談判中占據主動地位。」

　　　　「什麼，你是說，讓我做洩露公司機密的事情？」勞倫斯皺著眉說道。

　　　　客戶小聲說：「這事只有你知我知，不會影響你在

公司的工作的，而且你還將會得到一筆數目可觀的情報費。」說著，將 20 萬美元的支票遞給勞倫斯。勞倫斯心動了。

在兩家公司的談判中，勞倫斯所在的公司損失很大。事後，公司查明真相，辭退了勞倫斯。

本可大展宏圖的勞倫斯不但失去了工作，就連那 20 萬美元也被公司追回以賠償損失。他懊悔不已，但為時已晚，真是賠了夫人又折兵。

保守祕密，是員工的基本行為準則。機密關係到企業的成敗，關係到老闆的聲譽與威望，身為員工一定要牢記禍從口出的道理，對保密事宜做到守口如瓶。如果你守口不嚴，說話隨便，思想鬆懈，說了不該說的話，有意或無意地造成洩密，那麼，輕者會使老闆的工作處於被動，帶來不必要的損失；重者則會給企業帶來極大的傷害，造成不可挽回的影響。這是下屬對老闆的一種極不負責的態度，勢必會使老闆在各個方面處於不利。這樣的事，即使是發生一樁，也會使老闆難堪，對你有不好的印象。所以，事關工作的機密，你一定要處處以企業的利益為重，處處嚴格要求自己，做到謹慎再謹慎。

在誘惑頗多的今天，人們很容易背叛自己的忠誠而出賣別人或公司，而能夠守護自己的忠誠度就顯得更加可貴。堅持自己的忠誠，需要鑑別力，也需要抵抗誘惑的能力，這樣才能經

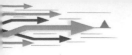

得住考驗。當你忠誠於自己所在的企業時，所得到的不僅僅是老闆對你更大的信任，還會有更多的收益。

　　一個不為誘惑所動、能夠經得住考驗的人，不僅不會失去機會，相反會贏得機會，並贏得別人的尊重。做一個有職業道德的人，最起碼的一點，就是要保守公司的祕密。

忠誠於你的公司

　　在一個企業裡，老闆需要的是一批忠誠於企業的員工。一項調查結果顯示：最受老闆器重的員工往往不是最具有能力的那部分員工，而是最忠誠的那部分員工。因為忠誠，他們才能盡心盡力，盡職盡責；因為忠誠，他們才能急企業所急，憂企業所憂；因為忠誠，他們才勇於承擔一切責任。

　　對於員工而言，你忠誠於自己的公司，你所得到的不僅是公司對你更大的信任，你的所作所為還會讓企圖誘惑你的人感覺到你人格的力量。如果你背叛了公司，你的身上就背負這一輩子都擦拭不掉的汙點，還會有人願意用你嗎？沒有人敢用一個曾經背叛自己公司的人。背叛忠誠的代價就是給自己的人格和尊嚴抹上汙點。

　　　伊莉莎白是一家大型公司的資深人事主管。在談到員工錄用與晉升方面的尺度時，她說：「我不知道別的公司在錄用及晉升方面的標準是什麼，我只能說，我們公

> 司很注重應徵者對金錢的態度。一旦你在金錢上有了不良的記錄，我們公司就不會雇用你。很多公司也跟我們一樣，很注重一個人的品行，並且以此作為晉升任用的標準。如果品行有汙點，即使應聘者工作經驗豐富、條件優越，我們也不會聘用的。」

伊莉莎白的用人標準說明了這樣一個問題：忠誠是衡量人品的一把尺，也是職場中最值得重視的美德。因為每個企業的發展和壯大都是靠員工的忠誠來維持的，如果所有的員工對公司都不忠誠，那這家公司的結局就是破產，那些不忠誠的員工也自然會失業。

員工對老闆的忠誠，能夠讓老闆擁有一種事業上的成就感，同時還能增強老闆的自信心，更能使公司的凝聚力得到進一步的增強，從而使公司得以發展壯大。

只有所有的員工對企業忠誠，才能發揮出團隊的力量，才能擰成一股繩，勁往一處使，推動企業走向成功。同樣，一名員工也只有具備了忠誠的素養，才能取得事業的成功。如果你能忠誠地對待工作，就能贏得老闆的信任，從而使自己獲得晉升的機會，並被委以重任。在這樣一步一步前進的過程中，你就會不知不覺提高了自己的能力，爭取到了成功的砝碼。

老闆在用人時不僅僅看重個人能力，更看重個人素養，而素養中最為關鍵的就是忠誠度。在這個社會中，並不缺乏有能

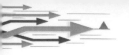

力的人，那種既有能力又有忠誠度的人才是每個企業渴求的理想人才。公司老闆寧願用一個能力差一點卻足夠忠誠的人，而不願意用一個朝三暮四、視忠誠為無物的人，哪怕他能力非凡。

坎菲爾是一家企業的業務部副理。他聰明能幹，進入公司短短兩年就取得了非凡的業績。然而半年之後，他悄悄地離開了公司。

原來，坎菲爾在擔任業務部副理時，曾經收過一筆現款，業務部經理說可以不入帳：「沒事，大家都這麼做，你還年輕，以後多學著點。」坎菲爾雖然覺得這麼做不妥，但是他也沒拒絕，半推半就地拿了 5,000 美元。當然，業務部經理拿到的更多。沒多久，業務部經理就辭職了。後來，總經理發現了這件事，坎菲爾也不能在公司繼續工作下去了。

坎菲爾很後悔，但是有些東西失去了是很難彌補回來的。坎菲爾失去的是對公司的忠誠，還能奢望公司再相信他嗎？

忠誠是一名員工的優勢和財富。它能換取老闆對你的信任和坦誠，能換來同事對你的讚許，能使你的心靈得到淨化，能換來你的成就感。如果有了忠誠的美德，總有一天，你會發現它會成為一筆巨大的財富。相反，如果你失去了忠誠，那你就失去了做人的原則，失去了成功的機會。所以，忠誠於自己的

公司，忠誠於自己的老闆，跟公司的同事和老闆和睦相處，與公司同舟共濟、榮辱與共，全心全意地為公司工作，把公司當成自己的公司，公司成功了，你自然也就贏得了成功。

以維護企業形象為榮

一個企業的產品能否被市場認同，關鍵在於這家企業的形象。

一個企業只有具備良好的形象才能獲得社會大眾的認可，使人們看到企業的標識時就會聯想到企業與眾不同的行為與體驗。企業每名員工個體的語言、行為以及整個組織的言行，都代表了公司，而不僅僅是個人行為。企業成員做了好的事情，自然會給企業增添積極的附加價值；反之，則會產生負面影響。

樹立良好的企業形象，要靠每一名員工從自身做起，塑造良好的自身形象。因為，員工的一言一行直接影響企業的外在形象，員工的綜合素養就是企業形象的一種表現形式，員工的形象代表著企業的形象。因此，員工應該隨時隨地維護企業形象。

既然你選擇了公司，就意味著你和公司的命運緊密地連接在了一起，一家公司的興衰榮辱也關係到每一名員工的興衰榮辱。身為一名員工，你代表的不僅僅是個人，而是整個企業，公司的榮譽和個人的榮譽是息息相關的，員工日常的一言一行

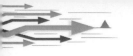

第四章 與公司一起成長

無時無刻不代表著整個群體。如果員工的形象是談吐文明，彬彬有禮，言而有信，那麼公司也會給大眾留下一個值得信賴、值得尊敬的好印象。相反，如果員工一出口就是髒話連篇，衣衫不整，行為惡劣，粗俗無禮，那麼相信公司在外部的口碑就會大打折扣，大眾也會因為其員工素養低劣而懷疑企業的實力和可信賴度。

員工的個人形象也就是公司展現給外界的企業形象。維護了企業的形象，也就是維護了我們自身的形象。一名員工如果沒有時刻維護企業形象的意識，那麼，他肯定不是一名合格的員工。作為企業的一員，我們要時刻將「維護企業形象、宣傳企業品牌」作為己任，這也是身為一名合格的員工最基本的要求！

身為企業的一名員工，不管走到哪裡，始終都要記得自己是什麼企業的員工，記得維護公司的形象，這是作為公司員工的基本職業道德！

企業形象關係到企業的生存和發展。企業有了良好的社會聲譽才能在激烈的市場競爭中得到生存和發展，個人的價值也才能得到實現。如果企業的聲譽、形象受到損害，個人的價值也同樣會受到損害。

良好的企業形象是一筆巨大的無形資產。一家公司如果擁有良好的企業形象，不僅可以得到社會大眾的信賴，更能激勵

企業內員工的士氣，形成良好的工作氛圍，同時也能為個人提供更好的發展機會。從現在起，我們要時刻將企業榮譽放在心頭，時刻注意維護個人形象和企業形象，不斷提高個人的綜合素養水準，為樹立良好的企業形象貢獻自己的力量！

第四章　與公司一起成長

第五章　主動為公司做事

任何一名員工都不能只是被動地等待別人來告訴自己應該做什麼，而是應該主動去了解自己應該做什麼，還能做什麼，怎樣做到精益求精。不用主管吩咐，主動為公司做事，是一名優秀員工應盡的義務。

第五章　主動為公司做事

不要等老闆為你安排工作

在工作中，只要認定那是你要做的事，就應立刻採取行動，而不必等老闆做出交代。事實上，每位老闆心中都對員工有強烈的期望，那就是：不要只做我告訴你的事情，運用你的判斷力，為公司的利益，去做需要做的事情。

在各種各樣的工作中，當我們發現那些需要做的事情——哪怕並不是分內的事情，往往意味著我們發現了超越他人的機會。有些事不必老闆交代，你就能主動地去做，需要你付出的比別人多得多的智慧、熱情、責任和創造力。

一位成功學家曾聘用一個年輕女孩當助手，替他拆閱、分類信件，薪水與從事相關工作的人相同。有一天，這位成功學家口述了一句格言，要求她用打字機記錄下來：「請記住：你唯一的限制就是你自己腦海中所設立的那個限制。」

這個女孩將打好的格言交給老闆，並且有所感悟地說：「你的格言令我深受啟發，對我的人生大有價值。」

這件事並未引起成功學家的注意，但是，卻在女孩心中留下了深深的烙印。從那天起，女孩開始在晚餐後回到辦公室繼續工作，不計報酬地做一些並非自己分內的工作——譬如替老闆給讀者回信。

這個女孩認真研究成功學家的語言風格，以至於這

些回信和自己老闆寫得一樣好，有時甚至更好。她一直堅持這樣做，並不在意老闆是否注意到自己的努力。

終於有一天，成功學家的祕書因故辭職，在挑選合適人選時，老闆自然而然地想到了這個女孩。

做事不用老闆交代是一種極為珍貴的素養，它能使人變得更加主動，更加積極，更加敬業。

社會在發展，公司在成長，個人的職責範圍也在隨之擴大。當額外的工作降臨到自己頭上時，我們也不妨將其視為一種機遇。如果不是你分內的工作，而你沒等老闆交代就去做了，就可能會得到老闆的賞識。

張愛芳是一家公司的祕書。她的工作就是整理、撰寫、列印一些資料。這份工作單調而乏味，很多人都是這麼認為的。但張愛芳卻有不同意見，她說：「無論是什麼工作，我都要盡職盡責地做好它。」

張愛芳整天做著這些工作，時間久了，她就從公司的文件中發現很多問題，甚至發現了公司在經營運作方面存在的不足。

於是，張愛芳除了完成每天必做的工作之外，還細心地搜集一些資料，就連過期的資料也不放過。她把這些資料整理分類，然後進行分析，寫出建議。最後，她把列印好的分析結果和有關證明資料一併交給了老闆。

第五章　主動為公司做事

> 老闆讀了她的這份建議，感到非常吃驚。一個年輕的祕書，居然有這樣細心的心思，而且分析得井井有條、細緻入微。老闆認為，張愛芳是公司裡不可多得的人才，並且為公司作了很大的貢獻。後來，張愛芳的很多建議都被公司採納了。當然，她很快得到了老闆的重用，得到了晉升。
>
> 　張愛芳之所以受到老闆的青睞，就是因為她能夠主動做事，不用老闆交代。在工作中，你的老闆不可能把每一步需要做的事情都交代清楚，一件工作要如何完成得更好，不是老闆能告訴你的，發揮一下自己的主動性，事業的契機說不定會就此打開。

　　不要等老闆交代，行動在老闆前面。不要被動地等待老闆要求你應該做什麼，而是應該主動去了解自己要做什麼，然後全力以赴地去完成。對於工作中需要改進的問題，搶先在老闆提出問題之前，就把改進方案做好，這樣的行動會深得老闆的賞識。因為只有這樣的員工才是工作的主人，才能減輕老闆的負擔。當老闆知道你為他如此盡心盡力時，就會很自然地對你信任起來。不要等老闆交代再去做事，這樣，你的事業也將會有一個嶄新的局面。

主動做公司需要做的事情

　　現實生活中，許多人每天為生計奔波，為工作忙碌，但他們大多會很茫然。每天重複著上班、下班，到時領取屬於自己的那份薪水，在那一刻高興或者抱怨，然後，明天依舊上班、下班，重複地過著每一天。他們很少，或者從不去思索關於工作的問題，可以想像他們都只是在被動地應付工作，為了工作而工作。而事實恰恰證明，這樣的人雖然目前看起來似乎衣食無憂，但因為缺少對未來的規劃和積極主動、進取的精神，他們平靜的生活只會是暫時的。

　　一個人缺少知識、沒有優點，這並不可怕，可怕的是缺乏積極主動的心態。那些缺乏積極主動心態的人，工作對他們來說只是一件可以養家糊口的工具，甚至成了一種負擔、一種逃避。他們根本沒有做到工作要求的那麼多、那麼好，也沒有在工作中投入自己全部的熱情和智慧。他們只是在機械地完成任務，而不是在主動地、創造性地工作。

　　那些看起來每天忙忙碌碌的人，並不能代表他們就在認真地工作，或者出色地完成工作。從根本上說，許多人只是把工作看成了謀生的工具，而不是自己的事業，看似他們與其他人付出了一樣多的努力，但效果顯然並不理想。所以，首先要改變自己的心態，從一些小事做起，試著主動去做，而不是靠別人的督促，或者是監督。

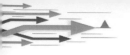

第五章　主動為公司做事

　　那些成功者告訴我們，無論事情多麼簡單，還是多麼複雜；是自己感興趣的，還是不感興趣，甚至厭惡的，他們都會主動去尋求解決的辦法，從來不會逃避。這也是他們能夠成功的原因之一。一個人只有對自己的工作盡心盡責，並主動完成任務，才能在事業上取得成就。主動，就是不用別人告訴你，你就能自覺出色地完成任務，並要求做更多的工作。而你的主動也會給自己贏得更多的機會。

　　　小南和小華在同一家公司任職。小南在一年的時間裡得到了兩次升遷的機會，而小華卻還停留在原來的職位上。小華覺得很不服氣，就去找老闆問理由。老闆吩咐他說：「小華，你現在就到市場去一趟，調查一下今天早上有什麼賣的東西。」小華欣然答應，沒多一會兒就回來了。他向老闆報告說：「今天市場只有一個農夫拉了一車馬鈴薯在賣。」「車上一共有多少袋馬鈴薯？」老闆問。小華聞言又往市場跑，過了一會兒汗流浹背地回來報告說：「共有 50 袋馬鈴薯。」「那價格又是多少？」老闆又問。小華只好又跑到市場詢問了價格，回到報告給了老闆，並且還埋怨老闆為什麼不一次都問完。老闆微微一笑說：「好了，現在你坐在椅子上休息一下，看看別人是怎麼做的。」
　　　老闆把小南找來做同樣的工作。小南很快從市場回

來，向老闆報告說：現在只有一個農夫在賣馬鈴薯，一共 50 袋，價格是每公斤 1 元，馬鈴薯的品質很好，他還帶回一個樣品讓老闆看。並且這個農夫 1 小時後還要運來幾箱番茄，價格也很公道。他知道昨天店裡的番茄賣得很不錯，供不應求，而這樣便宜的番茄老闆肯定會進貨，所以就把那個農夫帶來了，現在正等在外面呢。

　　這時老闆對著坐在椅子上的小華說：「現在你知道小南職位比你高的原因了吧？」

　　職場中，對於只知道機械地完成工作的「應聲蟲」，老闆會毫不猶豫地將他置於晉升考慮的範圍之外。對於老闆來說，只有那些能夠準確掌握自己的指令，並主動加上本身的智慧和才幹，把指令內容做得比預期還要好的員工，才是他們真正要找的人。

不要把問題留給你的老闆

　　在工作中，我們應該學會主動發現問題，思考問題，解決問題，而不應該把問題留給老闆去解決。沒有任何一個老闆願意把自己安排的工作任務被別人當作皮球踢回來，你不能做事，老闆請你來做什麼？事實上，在不少企業裡老闆不得不親力親為，去做下屬做不好的事或做本應下屬去做的事，甚至還要收拾爛攤子。這是身為老闆的悲哀，是下屬的恥辱，更是企業的不幸。

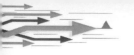

第五章　主動為公司做事

　　員工和老闆的關係應該是這樣的：員工完成老闆交辦的任務，而不是員工安排老闆工作。作為企業裡的員工，不管是接受任務時，還是在完成任務的過程中，都必須堅定地明白：自己的問題自己解決，老闆交辦的工作要自己來完成，不要把問題留給老闆。

　　老闆是負責公司整體管理、為公司制定發展策略的決策者和管理者，而不是全體員工的「問題匯總站」。老闆雇傭員工的目的，就是解決工作中的各種問題。老闆有他自己的問題需要解決，而員工也應該意識到，解決問題是自己的工作職責。如果員工在工作中不盡心盡力，不但沒有創造價值，反而留下了一大堆問題，或是認為企業不是自己的，而是老闆的，出了問題就應讓老闆來解決；甚至有更過度的人，在老闆分配工作任務的時候，就採取拒絕的態度，開口就一句「這事情我做不了」。這樣的工作態度是很危險的，採取這幾種工作態度的員工，也就離失去工作的日子不遠了。所以，工作中遇到問題時，要明白這是自己分內的事。一名優秀的員工應該像老闆一樣看待自己的企業，看待自己工作中出現的問題，樹立危機意識和任務意識，自動自發，主動創新，克服困難，讓問題止於自己的行動。

　　詹姆士在鐵路公民事務管理部擔任小職員。一天早晨，他在上班途中看到一列火車在城外發生車禍。此時，情況危急，但是其他人還沒有上班，一時間，他不知道怎麼辦才好，打電話給上司，卻聯絡不上。

　　這可怎麼辦？面對這種危急的情況，他知道多耽誤一分鐘，都將對鐵路公司造成非常巨大的損失。儘管負責人還沒有來，但他也不能眼睜睜地袖手旁觀。於是，詹姆士以上司的名義，發電報給列車長，要求他根據自己的方案快速處理這件事，並且在電報上面簽下了自己的名字。他知道這樣做嚴重違反了公司的規定，將會受到嚴厲的懲罰，甚至可能被辭退。

　　幾個小時後，上司來到自己的辦公室，發現了詹姆士的辭呈及其今天處理事故的詳細情形。但是，一天過去了，兩天過去了，上司一直沒有批准詹姆士的辭職請求。詹姆士以為上司沒有看到他的辭呈，於是，第三天的時候，他親自跑到上司那裡，說明了原委。

　　「年輕人，其實你的辭呈我早已看到了，但是我覺得沒有辭退你的必要。因為你是一名具有最優秀的職業精神的員工。你的所作所為證明了你是一個主動做事的人，對於這樣的員工我沒有權力也沒有意願辭退。」

　　聽了上司的話，詹姆士簡直不能相信自己的耳朵。他沒有想到上司不但沒有辭退他，反而還表揚了他。

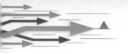

第五章　主動為公司做事

　　由此可見，優秀的員工應該學會主動發現問題，解決問題，而不應該把問題留給老闆去解決。解決問題是自己的職責，把問題留給上司和老闆就意味著工作不力。我們要把問題看做自己的機會和發展空間，努力地借助問題來展現自己的價值，發掘出自己的潛能。

　　工作就是要主動，不要消極等待，企業不需要「守株待兔」之人。在競爭異常激烈的年代，被動就要挨打，主動才可以占據優勢地位。所以要行動起來，隨時隨地掌握機會，並展現超乎他人要求的工作表現，還要擁有「為了完成任務，必要時不惜打破常規」的智慧和判斷力。這樣才能贏得老闆的信任，並在工作中創造出更為廣闊的發展空間。

每天比別人多做一點點

　　有一位優秀的行銷員曾經這樣總結他的成功經驗：「你要想比別人優秀，就必須堅持每天比別人多訪問 5 個客戶。」「每天比別人多做一點」，這幾乎是所有事業成功者取得成功的祕訣所在。

　　　　趙興榮國中畢業後，由於家境貧窮，只能出來打工。初到城市，一無文憑，二沒關係，三缺手藝的他，無所憑藉，於是只能棲居在鐵皮房中。經過認真反覆的思考和了解，趙興榮決定去賣菜。

賣菜成本低，幾千元就可以周轉，只是每天都得起早摸黑，又髒又累。

賣菜的過程中，趙興榮一直留心觀察身邊的事情。他發現，做豆腐是門手藝，不像賣菜，誰都可以做。於是他馬上向做豆腐的師傅學習，以更勤奮的工作獲得對方的信任，最後還和做豆腐的人合作，賣起了豆腐。

可是，豆腐在菜市場中零賣銷量有限。經過觀察趙興榮發現，豆腐賣給飯店這樣的大客戶更有利潤。於是接下來他便開始幫飯店送貨。別人送豆腐送到貨收了錢就走，趙興榮則不同。他每送一處，只要人家正在做飯，他一定把豆腐切好，下到鍋裡。就因為多做了這一點小事，趙興榮的人生出現了第一次轉機。

有一天，趙興榮為一家上千人的大公司的飯店送豆腐。恰巧該公司的行政部經理正在飯店檢查工作，看見趙興榮幫著切豆腐，就詢問是怎麼回事。食堂的員工說他每次都這樣做。行政部經理當即對趙興榮說：「你也不用再賣豆腐了，到我們公司來上班，我們正缺一名保安。」

保安的職責就是坐在公司門口，監督工人上下班打卡，保證公司財物安全。在這個職位上，趙興榮又做了別的保安從未做過的事 —— 將公司的門口打掃得乾乾淨淨，連打卡機的卡架都擦得一塵不染。就這樣，趙興榮一做就是一年多。一年之後，他的人生又出現了第二個轉機。

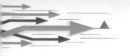

第五章　主動為公司做事

這家飯店進軍商界，開設連鎖超市，需抽調老員工去從事經營管理工作。趙興榮勤勉負責的工作態度和積極主動的工作作風，已經給老闆留下了很深的印象，便讓他負責超市糖果蜜餞的財務管理。

趙興榮得到這份差事以後，非常珍惜。他克服了自己學歷水準低的困難，將業務帳目梳理得井井有條。無論供貨有多少品種，銷退、結帳、保存期限，他都在帳上反映得清清楚楚，使進出貨辦得極有效率。此外，他又比別的同事多做了一件事：每次貨物進出，他必親臨現場查驗，不只是等倉庫報單據。而客戶結算退貨他也都幫忙到底，裝卸搬運、填單製作收據。

於是，趙興榮的第三次轉機又出現了。趙興榮的細緻嚴謹，被一位供貨的商人看在眼裡，記在心上。這位老闆決定聘請他專門打理其該地區批發業務，作為其業務拓展負責人。

經歷幾番轉機的直線上升之後，趙興榮已經今非昔比了，成為身價數千萬元，擁有數輛貨櫃車，每月批發幾個貨櫃進口蜜餞的獨立批發商。不過，儘管已是老闆，他仍舊堅持這個使自己的人生得到轉變的原則 —— 每天比別人多做一點，還是晚睡早起，比員工做得還多。

在現實生活中，總會有這樣一些人 —— 他們往往只願在平坦中慢行，卻並不願在坎坷中跋涉；只願在風平浪靜的湖面上

蕩舟，卻並不願意在駭浪驚濤的大海中掌握自己的命運之舵，還不時地發出「我行我路，任爾東西南北風」的壯語豪言。這些人總會苦思冥想找些陳腔濫調來搪塞，而不努力進取成為登上高峰的第一人。

有時，在工作中我們不必比別人多做許多，只需要一點點就已足夠，就會讓旁人刮目相看。當你多做了一點小事時，從乏味的工作中你便會體會到一種愉悅，這種快樂是不能用任何辭藻來形容的，它只屬於你自己。這種快樂進而會更加激發你的熱情，從而使你更加熱情地投入到工作中去。你的老闆也一定會更加關心你、信賴你，從而給你更多的晉升機會。

「每天比別人多做一點」是一種勇氣，是一種智慧，是一種勤奮的表現，也是一條走向成功的準則。人生沒有可供你駐足的港口，自我本身永遠是一個出發點。無論何時何地，只要付出就會有收穫；只要有自強不息的進取精神，就能證明生命的存在；只要我們在平凡的職位上，堅持「每天比別人多做一點」，就有可能置身於「柳暗花明又一村」的境界。每天多做一點工作也許會占用你一些時間，但是，你的上司會看見你多做的這「一點點」，適當的時候，他便會提拔你，使你獲得更多施展自己才華的機會。

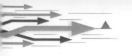

第五章　主動為公司做事

樹立主動補位的意識

在現代足球賽場上，面對對方來勢洶洶的攻勢，一些球隊卻能透過嚴密的防守反敗為勝。儘管對方的進攻會導致一些位置空缺，但這支球隊的其他成員會迅速補位把防守做到滴水不漏，從而一次次地粉碎對方的進攻。而在組織化程度越來越高的企業中，任何一名員工的缺位或職位空缺，都有可能給企業帶來生產效率下降甚至是停產等惡性後果。

企業在市場中的競爭如同足球比賽一樣，企業的員工就像組織防守的球員，在出現空位的時候，應該積極主動地補位。企業在經營過程中，難免會出現空缺、人手不濟的情況，這時，就需要積極的員工主動站出來填補空缺。

小娜是一家外商的員工。她的工作十分簡單，就是每天負責收發和傳送文件。小娜是一個十分主動的人，企業出現突發事件時，其他員工總是推三阻四，而她就像一名候補救火隊員一樣，總是能及時主動地補上去。因為她願意多做事，而且從來不叫苦叫累，工作也完成得很好，所以主管對她的指派也越來越多，有些不在她工作範圍內的事，也常常讓她負責。

有些同事開始笑她，說她是老闆的奴隸，做那麼多事也不加薪水。可是，小娜對這樣的議論不以為意，認為雜事雖然多，但自己有更多的學習機會，能夠得到更多的鍛

鍊。至於薪水，等到自己有更多的經驗時，自然會增加。

因為老闆對小娜的工作表現十分滿意，漸漸地讓她接手一些較為重要的工作。當企業需要派人去拜訪重要客戶或者是參加重要談判時，她總是老闆的第一人選。企業成功上市後，小娜以董事會祕書的身分成為企業的一名重要的員工。

小娜的經歷告訴我們，對於員工來說，主動補位不但不是一種負擔，而且還能掌握更多的個人資源和工作資源。如果你能在公司需要的時候主動做一些工作，日後一定能獲得好處，這些無意播下的種子有可能會長成參大大樹。

在職場中，我們不但要把自己的工作做到位，而且還要主動補位，想他人所未想，這樣才能隨時應對可能出現的各種問題，從而正確、及時地處理各種危機。主動補位的人，是企業永遠都離不開的人，這樣的員工永遠不用擔心被辭退，因為他能主動補位，能及時滿足工作需要，能及時處理問題，能善於發現商機……

主動補位，表面上看是你為企業節省人力和物力開支，有利於企業及時處理問題，從中收益。但在你主動補位的背後，這些看似額外的事情對你的能力和職位的提升都是利好因素。因此，我們要抓住機會鍛鍊自己、掌握知識、累積經驗，為將來的成功打下扎實的基礎。

第五章　主動為公司做事

　　我們應樹立主動補位的意識，把今天的每一份工作做好，從而為明天的成功累積更多的資本。我們要用鍛鍊自己成長的積極心態來對待自己正在做的事情，把工作當成機會，把指派當成鍛鍊。當你的主動成為一種習慣時，在不知不覺之間，已在老闆心目中樹立了有能力、敢擔當的形象，從而更容易被委以重任。

　　只要是關係到企業利益的事務，我們都應該及時關心、主動伸手。這樣我們才能幫助企業發現更多的商機，幫助企業搶占市場，在企業的發展過程中，也為自己贏得足夠的發展空間。

　　所以每名員工都要常常捫心自問：我是否具有補位意識？我是否善於補位呢？如果你的回答不是特別肯定的話，就必須改變自己被動的工作態度，主動工作、主動補位，絕不做一名旁觀者。

善待意外飛來的分外工作

　　做好自己的本分，是成功的基石。而做點分外事，則是職業精神的展現，也是個人氣度的展現。在工作中，僅僅盡職盡責是不夠的，還應該比自己分的工作多做一點，比別人更多一點期待，這樣才能得到更多的鍛鍊，才能為自己成長提供更多的機會。一些看起來不起眼的小事，常常能反映出一個人的工作態度。

善待意外飛來的分外工作

柯金斯在擔任福特汽車公司總經理時，有一天晚上，公司裡因有十分緊急的事，要發通告信給所有的營業處，所以需要全體員工協助。不料，當柯金斯安排一名做行政人員的下屬去幫忙套信封時，那名行政人員竟傲慢地說：「這不是我的工作，我不做！我到公司裡來不是做套信封工作的。」聽了這話，柯金斯一下就憤怒了，但他仍平靜地說：「既然這件事不是你分內的事，那就請你另謀高就吧！」

在實際工作中，常常有這樣的員工，他們只做自己分內的工作，並將分內和分外劃分明確的界線，或者多做一點就要更多的報酬，殊不知這有礙於自己工作能力的提高，久而久之還會令老闆對其失去好感。

接到額外工作時，不要愁眉苦臉，抱怨不停，多做分外工作對你的成功大有好處。社會在發展，人們的思想也在變化，不要總以「這不是我的分內工作」為由來逃避責任。當額外的工作分配到你頭上時，不妨將之視為一種機遇、一種磨練。如每天提前幾分鐘上班，說明你十分珍惜自己的工作，你可以對一天的工作進行更合理的安排，當別人考慮今天怎麼過時，你已經走在他們前面了。

多做一些分外工作一定會使你獲得良好的聲譽，這對你來說，是一筆巨大的無形財富，在你的職業發展道路上，可能會達到關鍵的作用。

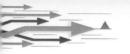

第五章　主動為公司做事

　　小王原來的工作並沒有現在的工作好，只是一件小事情引起了這種變化。一個星期六的下午，一位律師（其辦公室與小王的辦公室同在一層樓）走進來問他，哪裡能找到一位速記員來幫忙，自己手頭有些工作必須當天完成。小王告訴他，公司所有速記員都去看球賽了，如果晚來五分鐘，自己也會走。但小王同時表示自己願意留下來幫助他，因為「球賽看不到電視直播，還可以看轉播，但是工作必須當天完成」。

　　做完工作後，律師問小王應該付他多少錢。小王開玩笑地回答：「哦，既然是你原先想請人做的工作，大約1,800元吧。如果是幫忙，我是不會收取任何費用的。」律師笑了笑，向小王表示感謝。

　　小王的回答不過是一個玩笑，並沒有真正想得到1,800元。但出乎小王意料，那位律師竟然真的這樣做了。三個月之後，在小王已將這件事情忘到九霄雲外時，律師卻找到了小王，交給他1,800元，並且邀請小王到自己的公司工作，薪水比原來的高出5,000多元。

　　小王放棄了自己喜歡的球賽，多做了一點分外的事情，最初的動機不過是出於樂於助人的願望，而不是金錢上的考慮，但這卻為自己意外地帶來了比以前更重要、收入更高的職務。

職場中，在努力做好本職工作的同時，還要經常去做一些分外的事，只有這樣，你才能時刻保持積極主動的心態，才能得到更多的鍛鍊機會，才能引起老闆的注意。

多做一些分外的工作，就會多一些學習和鍛鍊的機會，多一些技能，多熟悉一些業務，這樣對自己總是有好處的。它會使你盡快地從工作中成長起來。也許你會說，我們沒有義務做職責範圍以外的事。但是，積極主動是一種寶貴的、備受主管重視的素養，它能使人變得更加敏捷、更加積極向上。

多做一些分外事，也許會占用你一定的時間，但你的行為卻會為你贏得良好的聲譽，贏得更多的信賴，贏得更多的機會。嘗試每天多做一點分外的事情，你就不會整天為繁重的工作抱怨，或者為老闆對你的不重視而沮喪。

保持主動進取的精神

如果你想要成功，就要做一個積極主動的人。不要只是被動地等待別人告訴你應該做什麼，而應該主動地去了解自己要做什麼，並且規劃它們，然後全力以赴地去完成。

美國 HT 公司一向以求新求變著稱。納特比先生是公司的資深工程師。他想出了一個新產品構思，但沒有人理會他的發明。銷售部門認為客戶對這種產品不會感興趣；生產部門則認為，要做出這種產品的可能性是微乎

第五章　主動為公司做事

其微的。好在上司支持他的構想。納特比先生利用自己的閒暇時間，嘗試著將生產新產品的構想變成現實。

　　納特比先生將新產品的模型製造出來後，又透過別人的幫助，生產出一批樣品。他把這些樣品分送給公司裡的同事，結果獲得了大家的讚賞。這項產品成為了 HT 公司有史以來最暢銷的產品。

　　世界級吉他大師卡羅斯‧桑塔納（Carlos Santana）17 歲隨父母移居美國。由於英語太差，桑塔納的功課十分糟糕。一天，美術老師把他叫到辦公室，說：「我翻看了一下你來美國以後的各科成績，除了『及格』就是『不及格』，真是太糟了。但是你的美術成績卻有很多『優』，你有繪畫的天分，而且是個音樂天才。如果你想成為藝術家，那麼我可以帶你到舊金山的美術學院去參觀，這樣你就能知道自己所面臨的挑戰了。」

　　幾天以後，美術老師真的把全班同學都帶到舊金山美術學院去參觀。桑塔納親眼看到了別人作畫，深切地感到自己與他們的巨大差距。這時，美術老師又告訴他說：「心不在焉、不求進取的人根本進不了這裡。你應該拿出 150% 的努力，不管你做什麼或想做什麼都要這樣。」

　　這句話對桑塔納影響極深，並成為他的座右銘，使他養成永遠主動率先做事的習慣。後來，桑塔納一舉獲得了八項葛萊美音樂大獎。可見，凡是有所成就的人都離不開主動進取的精神。

　　　　一天，老闆在例行會議快要結束的時候對在場的員工說道：「電腦的應用越來越普遍了。我們公司最近正在考慮電腦化，以利於我們參與市場的競爭。」散會後，大家也沒把這番話放在心上。沒想到三個月後，公司真的找人來安裝電腦。這下大家慌了，因為好多人都不會用電腦。這時，同事小張不慌不忙地坐下來，輕鬆打開電腦，告訴大家：「我是最近才學的，如果你們有什麼問題，問我好了，我一定會盡力替大家解決的。」大家一聽，才鬆了口氣，爭先恐後地上前詢問。這一切老闆都看在眼裡，於是便開始對小張刮目相看。

　　做事主動、善於最大限度地挖掘自身潛力的員工，總是注重自己對公司的貢獻。他們不僅看到自己的工作，而且把目光投向未來的目標。他們非常看重自己應該承擔的責任，常常會反躬自問：「我是否對企業做出了積極的貢獻，這種貢獻是否對企業的業績和成果產生了深遠的影響……」

　　工作中的主動性十分重要。一般人無法辦到的事，你卻能夠透過發揮自己最大的能動性，輕而易舉地辦得很好，這樣就能獲得比別人更多的收穫。

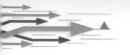

第五章　主動為公司做事

積極主動，奮發圖強

　　現在社會的競爭異常激烈，被動就會「挨打」，唯有主動才可以占據優勢地位。我們的事業、我們的人生不是上天安排的，而是我們主動去爭取的。如果你主動地行動起來，不但鍛鍊了自己，同時也為自己爭取好的職位積蓄了力量。

　　　　一家公司的行銷部經理帶領一支隊伍參加某國際產品展示會。在發展之前，有很多事情要做，包括展位的設計和布置、產品的組裝、資料的整理和分裝等，需要加班地工作。可是行銷部經理帶去的多數安裝工人，卻和平日在公司時一樣，不肯多做一分鐘，一到下班時間，就溜回賓館，或者逛街去了。經理要求他們工作，他們竟然說：「沒有加班費，憑什麼做啊。」更有甚者還說：「你也是打工仔，不過職位比我們高一點而已，何必那麼賣命呢？」

　　　　在開展的前一天晚上，公司老闆親自來到展場，檢查展場的準備情況。到達展場，已經是凌晨 1 點，讓老闆感動的是，行銷部經理和一名安裝工人正揮汗如雨地趴在地上，細心地擦著裝修時黏在地板上的塗料。而讓老闆吃驚的是，其他人一個也見不到。見到老闆，行銷部經理站起來對老闆說：「我失職了，我沒讓所有人都來參加工作。」老闆拍拍他的肩膀，沒有責怪他，而指著

那個工人問：「他是在你的要求下才留下來工作的嗎？」

經理把情況說了一遍。這名工人是主動留下來工作的，在他留下來時，其他工人還一個勁兒地嘲笑他是傻瓜：「你賣什麼命啊，老闆不在這裡，你累死老闆也不會看到啊！還不如回賓館美美地睡上一覺！」

老闆聽了經理的敘述，沒有做出任何表示，只是招呼他的祕書和其他幾名隨行人員加入到工作中去。當展示會結束後，一回到公司，老闆就開除了那天晚上沒有參加勞動的所有工人和工作人員，同時，將與行銷部經理一同清潔打掃的那名普通工人提拔為安裝分廠的廠長。

那些被開除的人很不服氣，來找老闆理論：「我們不就是多睡了幾個小時的覺嗎，憑什麼處罰這麼重？而他不過是多做了幾個小時的活，憑什麼當廠長？」他們說的「他」就是那個被提拔的工人。

老闆對他們說：「用前途去換取幾個小時的懶覺，是你們的主動行為，沒有人逼迫你們那麼做，怪不得別人。而且，我可以透過這件事情推斷，你們在平時的工作裡也偷了很多懶。他雖然只是多做了幾個小時的活，但據我們考察，他一直都是一個積極主動的人。他在平日裡默默地奉獻了許多，比你們多做了許多活，提拔他，是對他過去默默努力工作的回報！」

第五章　主動為公司做事

在實際工作中，評價一個人工作的優劣，最直接的辦法就是：看他是否能夠積極主動地完成本職工作、創造性地開展工作。一個做事主動的人，知道自己工作的意義和責任，並隨時準備掌握機會，展示超乎他人要求的工作表現。

積極主動不僅是一種行為美德，也是一個人在工作中應該持有的態度。比爾蓋茲曾說過：「一名好員工，應該是一個積極主動去做事，積極主動去提高自身技能的人。這樣的員工，不必依靠管理手段去觸發他的主觀能動性。」

大多數情況下，即使你沒有被正式告知要對某事負責，也應該努力地做好它。如果你能展現出勝任某種工作的能力，那麼責任和報酬就會接踵而至。在沒被人告知卻在做著恰當事情的員工，就是積極主動的員工。每家公司都需要這樣的員工。你在主動工作，透過自身的努力或借助他人的力量並不斷解決一個個難題的過程中，自身的價值也會不斷地增加，這樣老闆對你的依賴就會增加，當機會出現時，晉升晉級非你莫屬。

> 某公司的宴會上，經理舉起酒杯向眾人宣布：「我要非常榮幸地向大家傳達一件事情，我們公司勤懇、敬業的老員工：張明先生明天就要退休了，因為他這些年來對工作的貢獻頗多，所以可以享受到公司裡很豐厚的退休金，就此，讓我們舉杯向張明先生表示衷心的感謝和敬意。」這時，宴會上響起了雷鳴般的掌聲。但是在一旁坐

著的肖強卻表現得不那麼從容和興奮。此時有人悄悄地詢問他：「肖強，你沒事吧？你有什麼不開心的事情嗎？」此時的肖強很悲傷地說：「我很難過，也很後悔，當初我和張明是同一天進的我們公司，可是我從來就是循規蹈矩，只知道認真勤懇做自己的本職工作，而不是像張明那樣凡事都積極主動、關心公司上下的很多事務……想想這都是自己工作太不主動的原因。」說著，他羞愧地低下了頭。

所以，千萬不要以為只要準時上下班、不遲到、不早退就是完成工作了，就可以心安理得地去領薪資了。工作需要努力和勤奮，需要一種積極主動、自動自發的精神。

在現代職場中，過去那種聽命行事的風格已不再受到重視，積極主動工作的員工將備受青睞。一名積極主動的員工總能把心思全部用在工作上。在工作中他們往往能發現問題，並透過認真研究，找到解決問題的最好方法，獲得工作所給予的更多的回饋。

第五章　主動為公司做事

第六章　服從公司的安排

「服從」是所有員工奉行的最重要的行為準則，也是員工應盡的一種義務。以服從的精神投身於我們所從事的工作，是每名員工應具備的素養和意識。

第六章　服從公司的安排

服從是執行的前提

　　對於一家公司來說，只有員工服從上級的指示，才能在競爭中團結和諧。服從是團結的基礎，只有員工服從上級的安排，一個組織的凝聚力才會更高。

　　服從是行動的第一步。作為公司的員工，就要遵照公司的指示做事，暫時放棄個人的想法和作法，全心全意去遵循公司的價值觀念。一個人只有在學習服從的過程中，對其機構的價值觀念、運作方式才會有更透徹的了解。

　　　　一天中午，老闆問員工小王：「我讓你影印的資料影印好了嗎？」小王三分驚訝七分漫不經心地反問道：「影印什麼資料啊？」當著其他員工的面，這位老闆覺得很丟臉，氣呼呼地訓道：「你怎麼對我說過的話這麼不放在心上！」照常理來說，小王應該立即道歉，找個原因給老闆一個臺階下，待老闆稍有息怒，再趕快去把資料影印出來交給他。這樣，老闆即使再生氣也會陰轉晴，頂多再訓他幾句而已。但小王卻既沒有道歉，也沒有立即去影印資料，而是屁股一扭，轉眼不見了。老闆怒火難消，當天就開除了小王。

　　從上面這個故事中，我們可以看出，員工要以服從為工作的前提條件，如果一名員工不懂得服從，思想上沒有服從的觀

念，就將會被企業所淘汰。服從是自制的一種形式，每一名員工都應去深刻體驗身為企業的一員，即使是很小的一分子，具有什麼樣的意義。每一名員工都必須服從老闆的安排。

> 王俊傑能夠講一口流利的英語。在跟外商談判中，他更是顯得光芒耀眼。因此，他有些飄飄然了，對於那個個頭比自己矮，學歷、水準和能力好像也沒有自己高的上司有些不以為然。
>
> 有一次，王俊傑和他的上司一同去參加與外商談業務的商務聚會。在聚會上，王俊傑得意地跟外商頻頻舉杯，瀟灑飄逸，用英語跟外商海闊天空地閒聊。他的上司頻頻向他示意要一鼓作氣將合約定下來，但是他卻不以為然，只顧著賣弄自己，竟把自己的上司冷落到一旁。結果，這個本來可以當時就拍板的合約卻拖了很長時間才決定下來。沒過幾天，王俊傑就被調到另外一個不怎麼重要的部門去工作了。
>
> 臨走時，他的上司告誡他：縱然你再有才華，也要服從組織的安排。後來公司老闆找他談話，說明他調職的原因就是他缺少服從觀念。老闆還為他講了另一個以服從為美德的員工的故事。
>
> 有家公司的一名職工因工傷住進了醫院，他的身邊沒有什麼親人，於是老闆動員同事們去照顧他。聽了

老闆的話，同事們面面相覷，無人表態，這讓老闆很尷尬。最後，有一個年輕的年輕人主動站出來，為老闆解了燃眉之急。

講完故事後，老闆對王俊傑說：「難道這樣的人你不為之感動嗎？他的心裡就沒有一己之私，他想的就是整個團隊。」

王俊傑這才知道他沒有找對自己的角色位置，自己充其量是一個有才幹的人，卻不是一個公司的創造者。自己處在部門經理的領導下，在各種場合都應該以上司為中心，突出上司的主導地位。如果喧賓奪主，那麼整個組織的原則就無法得到貫徹，行動也會落後於別人。再有度量的上司，能容忍得了能力超越自己的員工，卻不會容忍無視組織命令、組織原則的行為。

任何團體都非常強調員工對群體的認可度、對老闆的認可度。這種認可度也可以理解為服從。它是公司企業文化的重要組成部分。老闆既是公司的所有者（有可能同時也是經營者），又是公司核心精神和經營理念的人格化展現。因此，服從是對於老闆的一種認可，是一種對於公司的認可，同時也是對於你自己的認可。沒有服從，也就沒有了對於自己前程的一種認可。

王俊傑汲取了教訓，對新部門的上司恭敬有加，對上司的命令總是採取服從的態度。在與客商談生意

時，王俊傑在一旁保持緘默，而在適當時候為上司「補臺」，比如上司忘記了一個關鍵數字，在上司停頓的瞬間王俊傑及時地提醒「臺詞」。這樣，上司會非常感激王俊傑，而王俊傑的職場之路也越走越順。

現在，很多企業已經把服從安排當成了一種企業文化。一個高效的企業必須有良好的服從觀念，一名優秀的員工也必須有服從意識，二者的關係是相輔相成的。因為企業整體的利益，不允許部屬抗令而行。在一個團隊中，如果下屬不能無條件地服從上司的命令，那麼則可能會對達成共同目標產生障礙；反之，則能發揮出超強的執行能力，使團隊勝人一籌。

因此，懂得服從是你成為一名優秀員工要上的第一課。只有定位好自己服從的角色，才能在現代的職場競爭中立於不敗之地，也才能使你成為公司不可或缺的核心員工，從而實現自己的人生價值。

服從不等於盲從

常言道：「恭敬不如從命。」謙恭地敬重老闆，不如服從老闆的意志和命令。演員不服從導演，就無法拍攝出精彩的影片；員工不服從老闆，公司就無法在市場中立足。可見，沒有服從就形不成統一的意志和力量，任何事情都不會有成就。

服從老闆是員工工作的一條紀律，也是一條起碼的準則。

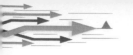

第六章 服從公司的安排

員工在工作中只有堅持這條準則，才能做好工作，成為一名合格的員工。但是服從不等於盲從，你一定要能夠獨立思考，處事有主見。對老闆的能力、水準、人格可以認同和讚賞，但不能迷信及個人崇拜；可以尊重、熱愛自己的老闆，並認真執行老闆的正確意見和主張，但不能盲從，因為盲從往往會導致老闆脫離實際，生活在虛無縹緲中，最終會陷入失敗的泥淖，不能自拔。

有一家牧戶設有一個專門殺羊的屠宰場，但是每次殺羊的時候他們都非常苦惱，殺羊並不困難，困難的是怎樣將羊趕進血腥味十足的屠宰場內。後來他們終於發現，只要讓領頭羊走進去，所有的羊都會乖乖地跟著領頭羊毫不反抗地走進去，哪怕前面是平時令牠們聞風喪膽的屠宰場。

牧戶在屠宰場的另外一邊開了一個小門，並訓練了一領頭羊，每次這隻領頭羊帶領著新的一群羊走進屠宰場之後，牠便從另外一個小門裡走出去，而被關進屠宰場的羊群面臨的將是屠夫的尖刀。

這隻領頭羊在毫不知覺的情況下，一次次帶領新的羊群走進屠宰場，而羊群依然毫無保留地跟隨這隻領頭羊。

「悲劇」就這樣一次次重演，而所有的源頭只是因為群羊的盲目服從，牠們的追隨完全沒有自己的分寸和尺度。

服從不等於盲從

在工作上，有些人往往也會和盲從的羊群一樣，盲目地追隨老闆，一切聽從老闆的命令，即使知道老闆的決策是錯誤的，也不會及時提出來，這是對老闆、對企業的不忠誠，也很難得到老闆的認同和讚賞。

在職場中曾一度流行這樣一句話：「職場守則第一條：老闆永遠是對的；第二條：如果發現老闆是錯的，請參照第一條。」這就是盲從。這句話強調了員工對老闆的絕對服從關係，但這並不表明老闆向你傳達的所有指令你都必須執行。因為老闆不一定永遠是對的。當他出現錯誤的時候，他最希望的是能夠有人及時地給他指出錯誤。

人無完人，老闆也會犯錯，因此，我們在執行老闆命令的時候不應該盲從。老闆也是人，不是神，當然也有說錯話、做錯事、下達錯誤指令的時候。當你發現老闆有錯時，怎麼辦？這就需要你在接受老闆安排的任務時進行冷靜的思考，權衡利弊。如果確實該做，就要毫不猶豫地去執行；如果是不應該做的，並且對自己、對公司都貽害無窮，那就應想方設法向老闆提出其中存在的問題，而不能盲從。

如果你覺得老闆的命令有一定的錯誤，而且涉及公司的前途，必須要讓老闆知道他的錯誤。你應該在適當的場合、適當的時間私下找他聊，談談自己的意見和看法。對於老闆的指示，一位成熟的職場人士理解的要執行，不理解的就在與老闆

的交流中執行。你要能充分明白老闆的意圖，如此才能看清老闆的命令是否真的錯了。

如果一定要執行自己認為是錯誤的命令，那你唯一能做到的是：服從你的老闆，認真地去執行。在執行的過程中，要積極主動地彙報你的工作進度和工作中出現的問題。憑著你不斷報告的工作進度，老闆不是傻子，是終止還是繼續，他會清楚的。如果最後證明老闆錯了，那麼他就會非常信服你。

只有掌握好服從與盲從之間的分寸，你才能獲得信任、支持、幫助和鼓勵，才會精神振奮、幹勁倍增、心無旁騖地投入到工作當中。如果與老闆矛盾尖銳，關係僵化，你在心理上就必然會憂鬱、沉悶，長此以往會導致你的人格、性格、心理、生理產生嚴重扭曲，結果不是屈服依附，唯唯諾諾，就是消極頹廢，喪失信心。

服從是員工的第一要義，但是老闆更喜歡那些服從又不盲從、有自己的意見又能充分領會老闆意圖的員工。當老闆工作中考慮不周、安排不當時，你不要一味地隨聲附和、唯上媚上，而要從大局出發，多利用群體決策、研究工作等時機，交換看法，共同磋商，以誠相見。當然，處理這類問題時，要講究方法，注意場合，考慮效果，盡量做到「忠言順耳」，「良藥可口」。因此，掌握服從的分寸，才是優秀員工的行為。

服從是員工的天職

　　美國 UBC 公司有句名言：「員工的天職就是服從執行。」服從是員工必須具備的素養之一。良好的服從精神是企業立於不敗之地必須解決的第一要務。一個企業要想發展，就要求員工必須堅決服從企業的安排，拖沓、不負責任的員工可能會給企業帶來巨大的損失。員工只有學會了服從，勇敢地承擔起應該承擔的責任，才能不斷提升自己的能力；企業只有在以服從為天職的員工的共同努力下，才能不斷創造更加輝煌的業績。

　　服從老闆的安排是員工工作中的行為準則，是鍛鍊工作能力的基礎。同時，服從也是工作的推進劑，能使人在行動中催生無窮的勇氣，激發人的潛力。員工只有具備了這種服從精神，才能提升自己的執行能力。

　　　　有個年輕人從一所著名的石油大學畢業後，被分配到一支海上油田鑽井隊工作。在鑽井隊工作的第一天，隊長要求他在規定的時間內登上幾十米高的鑽井架，把一個盒子送到最頂層的主管手裡。他拿著盒子快步登上高高的狹窄的舷梯，氣喘吁吁地登上了井架的頂層，按時把盒子交到了主管手裡。主管打開了盒子，並從盒子裡取出一樣東西，然後封好包裝並在上面簽下自己的名字，就讓他送回去。他又趕快跑下舷梯，把盒子交給隊長。此時，隊長又拿出一個新盒子，也在上面簽下自己

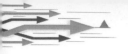

的名字，讓他再送給主管。

　　他看了看隊長，猶豫了一下，又轉身登上舷梯。當他第二次登上頂層把盒子交給主管時，已渾身是汗，兩腿發顫。主管卻和上次一樣，仔細看了一會兒後又在盒子上簽下名字，讓他把盒子再送回去。他擦擦臉上的汗水，轉身走向舷梯，把盒子送下來。隊長重複著第一次的動作，再次換了個新盒子並簽完字，讓他再送上去。

　　這一次他心裡有些不高興了，但他看著隊長沒有表情的臉，便忍著沒有發作，又拿起盒子艱難地一級臺階一級臺階地往上爬。當他上到最頂層時，渾身上下都溼透了。他第三次把盒子遞給主管，主管看著他，慢條斯理地說：「你把盒子打開吧。」他打開盒後才發現，裡面只裝著2枚螺帽。他憤怒地看著主管一句話也沒說，想看看下面還會有什麼安排。

　　主管這時對他說：「把這2枚螺帽擰到那邊的螺拴上。」年輕人這時再也忍不住了，「叭」地一下把盒子摔在了地上：「如果你們覺得這樣戲耍人有意思的話，我不做了！」說完他看看地上的盒子，感到心裡痛快了許多，剛才的憤怒全釋放了出來。

　　這時，主管站起身嚴肅地對他說：「螺帽雖小，卻是固定井架的非常重要的一個零件。你可能不知道，自己反覆地上下並沒有白忙碌，因為最後送上來的才是合

適的螺帽。再者，我們剛才讓你做的這些，叫做承受極限訓練，因為我們在海上作業，隨時會遇到危險，這就要求隊員身上一定要有極強的承受力，又有能夠承受各種危險的考驗，才能完成海上的作業任務。身為一名優秀的海上油田鑽井隊隊員，首先應該對上級的命令絕對服從，它是成就油田事業的素養之一。可惜，前面三次你都通過了，只差最後一點點，你沒有把螺帽擰到螺栓上。現在，你可以走了。」

面對老闆布置的任務，服從命令是第一選擇。沃爾瑪創始人山姆‧沃爾頓（Samuel Moore Walton）經常說：「沒有服從就沒有執行，團隊運作的前提條件就是服從。我們要的不是和主管作對的員工，而是服從主管決策，第一時間完成任務的員工。」即使上司有所偏頗，你也應該冷靜下來，找機會慢慢把問題分析清楚，而不應因為一時衝動使矛盾升級，使事態擴大。

服從意味著什麼？意味著責任，意味著自我約束，意味著紀律。這些都是忠誠的表現。上司讓你往西你卻往東，這就是不服從。這種不服從產生的後果是某件事情不能保質保量完成。我們每一個人在一家公司中，都應該有責任心，如果因為我們自己不服從上司命令的原因而導致任務無法完成，工作無法進行，那只能表明我們沒有一點責任意識，是一個只顧自己感受的自私自利的人。顯然，沒有任何一位老闆敢將這種員工

第六章　服從公司的安排

放在一個重要的位置上，讓他擔當重任。

　　沒有服從就沒有執行，公司運作的前提條件就是服從，可以說，沒有服從就沒有一切。在公司裡，你要給自己一個定位，明確自己的職責，服從公司分配給你的任務。

　　員工服從命令，公司主管的決策才能得到有效的執行，整個團隊才好能步調一致地對付外來的競爭。如果一名員工只顧展露自己的鋒芒，無視組織，無視團隊，那麼他一定不是一名優秀的員工。

以服從為第一要義

　　服從是一種美德，是員工職業精神的精髓。每一名員工必須以服從為第一要義，沒有服從觀念，就不能在職場中立足。每一名員工都必須服從老闆的安排，就如同每一名軍人都必須服從上級的指揮一樣。大到一個國家、一支軍隊，小到一個企業、一個部門，其成敗很大程度上就取決於是否完美地貫徹了服從的觀念。

　　　　在西點軍校內，上午 11 點 55 分，北風呼嘯，天氣寒冷。「所有學員請注意：5 分鐘內集合，進行午間操練。請在野戰夾克裡面套上作戰服。」北風穿過西點平原，衝擊著美國陸軍軍官學校六層樓高的花崗岩堡壘。「離午間操練的集合時間還有 4 分鐘。」營房裡的新生站立著，

以服從為第一要義

嚴陣以待，計算著離規定的餐前集合還有幾分鐘。在營房的過道，每隔 50 英尺就有一座鐘，看時間很方便。學員們迅速湧向營房之間鋪著柏油的大操場。一年四季，他們每天都要至少兩次集合操練。「站好隊！」隨著一聲令下，一群鬆散的人頓時排成整齊的隊形 —— 每個方陣是一個排，四個排組成一個連，四個連編成一個營，而兩個營編為一個團。「立正！」所有人立即目視前方。

　　個人要服從整體，服從部隊。西點的每一分子，對於個人的權威止於何處，團體的權威又始於何處，都會有清楚的認識。對西點人來說，對當權者的服從是百分之百的正確。因為他們認為，西點軍校所造就的人才是從事戰爭的人才，這種人要執行作戰命令，要帶領士兵向設有堅固防禦之敵進攻，沒有士兵的服從，整個部隊就沒有戰鬥力，就不會有勝利。

　　服從就是無條件地執行，就是不找任何藉口，快速認真地依從上級的指令完成任務。倘若一名員工對公司的管理制度和行銷政策總是嗤之以鼻，嘲笑制度死板，抱怨銷售指標太高，他能自覺地遵守各項條規，百分之百地執行命令嗎？總是一副自命不凡的樣子，認為老闆的能力還不如自己，根本不把老闆放在眼裡，他能認真按照老闆的意圖去完成工作嗎？接受任務時，總要講條件、問原因、找理由，一副推三阻四、老大不高興的樣子，他能高品質、圓滿地完成任務嗎？

163

第六章 服從公司的安排

一家公司推出了一種新產品，需要銷售人員配合市場人員，到第一線去了解客戶對新產品的使用情況、需求狀況和滿意度，以及競爭對手的反應，並調查是否有替代產品出現等資訊。然而，銷售人員一個個消極怠工，根本不按照公司的要求去了解和收集資訊，並振振有辭地說：「我們的工作就是銷售產品，如果花時間在收集市場資訊上，銷售任務如何完成？」

固然銷售人員最主要的任務是銷售產品，這點沒錯，但絕不是「蒙著眼睛瞎撞」，而是要「眼觀六路，耳聽八方」，隨時掌握市場、客戶、競爭對手的情況，並有義務和責任將這些資訊第一時間回饋給公司，使公司及時調整和制定策略，以應對市場變化，從而有效地促進銷售工作。毫無疑問，公司制定的任何策略，下達的任何任務，都是有指向、有目的、有原因的。如果實施每個任務前，員工都不能痛痛快快地去落實，都要討價還價，找藉口去推託，公司的計畫如何落實？目標如何實現？

因此，在公司中，必須保持上級指揮下級，下級服從上級的制度。若是不注意這一點，不但會給本人和上司造成麻煩，公司的業務進展也會不順利。

有一個叫吉米的年輕人，老闆讓他去一個新的地方開闢市場，那是一個十分偏遠的郊區。在很多人看來，公司生產的產品要在那裡獲得銷路是十分困難的。

其實，在把這個任務分派給吉米之前，老闆曾經三次把這個任務交給過公司裡的其他人，但是都被他們推脫掉了。他們一致認為那個地方沒有市場，接受這個任務的最終結果將是一場徒勞。吉米在得到老闆的指示後沒有多說，只帶著一些公司產品的樣品出發了。

一個月後，吉米回到了公司，並帶回了令人振奮的消息，那裡有著巨大的市場。其實，吉米在出發之前，也認定公司的產品在那裡沒有銷路。但是，由於堅決的服從意識，他毅然前往，並用盡全力去開拓市場，最終取得了成功。

在工作中，服從可以讓人放棄任何藉口，放棄惰性，放對自己的位置，調整自己的情緒，讓目標更明朗，讓思緒更直接。有服從精神的員工，勇於挑戰，在困難面前不低頭，即使問題再多、困難再大、矛盾再複雜、任務再艱巨，也能努力克服。

在員工和老闆的關係中，服從是第一位的，是天經地義的。員工服從老闆，是上下級開展工作，保持正常工作關係的前提，是上下級融洽相處的一種默契，也是老闆觀察和評價一名員工的尺度。因此，身為一名合格的員工，必須服從老闆的命令。

第六章　服從公司的安排

沒有藉口，只有服從

「沒有任何藉口」是美國西點軍校 200 多年來奉行的最重要的行為準則，是西點軍校傳授給每一位學員的第一理念。在工作中，每個人都應該發揮自己最大的潛能，努力去工作以提供令人滿意的結果，而不是浪費時間去尋找藉口。

在美國卡托爾公司的新員工錄用通知單上印有這樣一句話：「最優秀的員工是像凱撒一樣拒絕任何藉口的英雄！」世上沒有任何事情是不費力就可以自然做成的，假如你想找 100 個藉口，那麼就能找到 100 個甚至比 100 個還要多的藉口，這樣，你表面上得到了安慰，但實際上將一事無成！

每個人都有拒絕藉口、在一瞬間做出決定的能力。一旦養成找藉口的習慣，你的工作就會拖拖拉拉，沒有效率，做起事來就往往不誠實。這樣的人不可能成為一個優秀的人，也不可能有完美的成功人生。在公司裡，這樣的人遲早會被炒魷魚。

張智然畢業於某國立大學新聞系，形象很不錯，被一家很知名的報社錄用了。但是，他有一個很不好的毛病，就是做事情拖拖拉拉不認真，遇到困難總是找藉口。剛開始上班時，同事們對他的印象還很不錯，但是沒過多久，他的毛病就暴露出來了，上班經常遲到，和同事一同出去採訪時也經常丟三落四。對此，辦公室主管找他談了好幾次，但他總是以這樣或那樣的藉口來搪塞。

有一天，報社特別忙，突然有位熱心讀者打電話過來說在一個地方有特大新聞發生，請報社派記者前去採訪。但是報社別的記者都出去了，只有張智然在，沒辦法，辦公室主管只有派他獨自前往採訪。沒多久，他就回來了。主管問他採訪的情況怎麼樣，他卻說：「路上塞車了，等我趕到時事情都快結束了，並且已經有別的新聞媒體在採訪了，我看也沒什麼重要的新聞價值，所以就回來了。」

主管生氣地說：「這裡交通是很塞，但是你就不會想別的辦法嗎？那為什麼別的記者能趕到呢？」

張智然急得紅著臉爭辯道：「路上交通真的是很塞嘛，再說我對那裡又不是特別熟悉，身上還背著這麼多的採訪器材……」

主管心裡更有氣了，於是說道：「既然這樣，那你另謀高就好了，我不想看到報社的員工不但不能給報社提供報導，反過來還有滿嘴的藉口和理由。我們需要的是能夠接到任務後，不管任務有多麼艱巨，都能夠想方設法完成，並且能提供報導的人。」就這樣，張智然失去了令許多人羨慕不已的好工作。

在工作中，像張智然這樣遇到問題不是想辦法解決，而是四處找藉口來推脫的人並不少見，但是他們這樣做所帶來的後果就是不僅損害了公司的利益，也阻礙了自己的發展。

第六章　服從公司的安排

　　假如你拒絕任何藉口，全身心地投入，直到沒有理由可以使自己消極時，就會對困難、阻礙視而不見。你的堅毅會嚇退許多可以迷惑常人的心魔，會消減許多困難與阻礙。

　　在結果面前千萬別找藉口！美國成功學家格蘭特納說過這樣一段話：「如果你有自己繫鞋帶的能力，就有上天摘星的機會！讓我們改變對藉口的態度，把尋找藉口的時間和精力用到努力工作中來。因為工作中沒有藉口，人生中沒有藉口，失敗沒有藉口，成功也不屬於那些尋找藉口的人！」

一切服從上級命令

　　對企業的員工來說，服從就是對上司的指示要不折不扣地執行。服從不是口頭的允諾，而是要用不折不扣的行動和業績來加以證明的。

　　有些時候，人們之所以不願意服從，就是因為服從會給人一種壓迫感。對於現在的人們來說，追求個性解放是主要的潮流，因此服從越來越難以被他們接受。但是縱觀從一般員工走向成功的人，他們都是用服從來完成自己事業的累積階段的，他們的服從是一種快樂的服從。因此，服從也是一種藝術。

　　因為快樂，他們會與上司成為盟友。承認上司比自己優秀，與上司成為盟友，對於上司的命令堅決服從，這會使團隊的凝聚力提升，從而獲得更加強大的戰鬥力。要讓很自負的人

承認所有的上司都比自己優秀，是不容易的。但是上司的主要
工作就是發布命令、統籌全面，而員工的責任就是聽從指揮。

　　楊依婷是一家化妝品公司的職員。和很多人一樣，
她的運氣似乎也不好。她換過四份工作，前三份工作要
麼由於公司經營不善破產了，要麼由於公司搬遷使得她
不得不重新考慮工作地點。她這次的工作是業務資料的
整理與建檔。儘管公司的業務非常繁忙，業務資料也相
當多，但她仍不怕辛苦，非常珍惜這份工作。

　　楊依婷上班的第一天，經理就讓她把半年未整理過
的業務資料都整理一遍，全部建檔在電腦。這個工作量
相當大，她心裡抱怨著，也不知道什麼時候能夠弄完。
但是，看到堆積如山的資料，她不得不馬上投入工作。
她先是去各業務部門把最新業務資料收集過來，並將以
前的資料按照公司以往的做法統一分類、做標記。由於
工作量很大，她幾乎每天都要加班兩個小時。

　　半個月過去了，當楊依婷把所有的資料都整理完，
交給經理的時候，經理對她的工作效率相當驚訝。透過
這件事情，經理對她的印象大為改變。後來，公司準備
建立一個資料庫，專門負責客戶行銷資料的建立與動態
追蹤，這項工作由楊依婷的經理負責。經理直接把這件
事情交給了楊依婷，並非常耐心地指導她如何展開工
作。對此，她相當感激自己的上司。實際上，她在與經

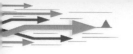

第六章　服從公司的安排

理的合作中已經成了經理非常得力的助手。

在下屬和上司的關係中，服從是第一位的。下屬服從上司，是上下級開展工作，保持正常工作關係的前提，是融洽相處的一種默契，也是上司觀察和評價自己下屬的一個尺度。因此，身為一名合格的員工，必須服從上司的命令。

優秀的員工從來不認為服從是一種壓迫，相反，他們把服從當成是一種自己的工作職責。老闆之所以招募員工，就是要用來解決問題，而不是製造問題的。如果一味地顯示自己，認為自己是一流的，老闆是愚蠢的，在工作中不服從，處處為自己的私利著想，爭名奪利，那麼你的職場生涯是不會很穩定的。

有一名以服從為美德的優秀員工在提到服從時這樣說：「我服從，因為在服從中能夠學到很多東西，比如老闆的決策方法；我服從，因為在服從中能夠增加自己的道德修養，我會站在別人的角度尤其是老闆的角度考慮問題。」這樣的服從，是一種藝術，而不是壓抑，不是諂媚。

威廉是一家跨國公司的總裁，他很注重對員工服從執行素養的培養。有一天，他召集了幾位平時表現出色的高級主管，告訴他們說：「我今天有一個新的改制計畫，就是把幾個部門的內部制度進行融合、調整、更新。進行這項工作之前，你們幾位先用一個星期的時間

到外地的各大企業作一個全面的巡查，然後把你們的所見所聞給我彙報上來，20分鐘後開始執行！」

　　說完，威廉回到辦公室在暗中觀察這幾位主管的動向。有幾位主管在一起議論紛紛，遲遲沒有開始行動的意思，只顧抱怨。最後，有一位年輕的主管走了過來，對其他幾位說：「時間不早了，我們趕快行動吧，反正只有一個禮拜期限，出去走一走也算長點見識啊！」

　　一個星期過去了，他們都提交了調查報告，不同的是那位年輕的主管得到了提拔，出任了市場部的經理。

　　一個高效的企業一定要有良好的服從觀念，一名爭先創優的員工也應該有服從意識。對於老闆而言，他們所必須面對的不僅僅是公司發展前景、財務狀況的壓力，還必須面對不斷湧現的突發問題：來自於員工的不解、市場的實際壓力……他們面對自己的下屬不服從時，就會非常惱火，因為那意味著自己的很多前期計畫都是失敗的。而優秀的員工能夠體諒老闆所面臨的壓力，能夠與老闆配合默契，積極樂觀地服從他的每一項決策。

　　服從，需要員工在接受任務時，清楚地知道老闆的意圖是什麼，想老闆之所想，急老闆之所急，在確定了大方向和優先次序後，整合一切可以利用的資源，去不折不扣地執行，去實現企業的目標。

第六章　服從公司的安排

　　在企業裡，員工對老闆的服從被視為一種忠誠和敬業的表現，是老闆非常重視的。要做到正確地服從老闆的安排，這就需要你能夠跟上老闆的思維，洞悉老闆的真實想法，正確地領會老闆的意圖，而不是機械地去完成老闆交代下來的每一個詳細的指令。

　　服從是我們不可缺少的內在素養，展現了一個人的修養，更是扎根在我們內心的寶貴財富。讓我們拋棄抱怨，快樂地工作，無顧慮地工作，踏踏實實、自覺主動地去工作，在服從中與公司共同成長與進步。

第七章　以團隊的大局為重

公司的興旺與發展，是公司主管及全體員工共同努力的結果，二者是不可分割的，是缺一不可的。所以一家公司必須有團隊精神，必須有同舟共濟的精神，必須有同甘苦共患難的精神。

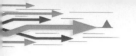

個人英雄主義要不得

在一個團隊中，所有的活動都要圍繞一個共同的目標展開。一個優秀的團隊，不應該僅僅存在一個英雄，而應該人人都是英雄。這是因為，團隊的各個部分甚至每一個成員都是相對獨立的，都有自己的目標和任務，都要獨當一面。只有每個環節都是最強的，團隊的工作才能完成得最好。

佛教創始人釋迦牟尼曾問他的弟子：「一滴水怎樣才能不乾涸？」弟子們面面相覷，不知該怎麼回答。釋迦牟尼說：「把它放到大海裡去。」也就是說個人再完美，也不過是一滴水而已；而一個團隊、一個優秀的團隊才是大海。團隊中的每一名員工都不能以自己為中心，千萬不要自以為是，因為一滴水離開了大海很快就會乾涸消失。

IBM 前大中華區政府及大眾事業部總經理李先生曾說過：「團隊精神反映一個人的素養。一個人的能力很強，但團隊精神不行，IBM 公司也不會要這樣的人。」

SGI 視算電腦科技有限公司人力資源部經理曹先生也說過：「SGI 公司生產世界上最先進的電腦，但世界上有一種儀器比電腦更精密，也更具有創造力，那就是人的身體。團隊精神就好比人身體的每個部位一起合作去完成一個動作。對公司來講，團隊精神就是每個人各就各位，通力合作。我們公司的每一個獎勵活動或者我們的業績評估，都是把個人能力和團隊精神作

為兩個最主要的評估標準。如果一個人的能力非常好，而他卻不具備團隊精神，那麼我們寧可選擇後者。」

　　足球是當今最受世人喜愛的運動項目之一，作為一項團體運動，個人英雄主義在足球場上很難得到成功。回顧許多球隊在世界盃等一系列大賽上的表現，就很能證明這一點。

　　2006 年，在德國舉行的世界盃比賽中，巴西隊在四分之一決賽中被法國淘汰。在四分之一決賽中被淘汰的四支球隊中，巴西的戰績最好（小組賽全勝）。巴西之所以提前告別世界盃，除了自身的狀態不佳之外，個人主義壓倒整體配合是主要原因。看巴西隊比賽，球迷最喜歡的是他們隨心所欲的表演，殊不知這種揮灑個性的熱情也在違背著足球比賽的取勝定律。畢竟一個人的能量是有限的，只有依靠全隊的力量才能戰勝對手。法國將巴西踢出世界盃，依靠的就是整體配合。當巴西的一名球員拿到球的時候，總會有兩三名法國隊員上來圍堵，巴西球員始終難有施展的機會。

　　反觀一下進入四強的其他幾支隊伍，都是整體打法的典範。德國隊是世界上最講究團隊配合的球隊，在歷屆世界盃的比賽中，沒有任何巨星的德國隊總能取得不錯的戰績。克洛澤（Miroslav Josef Klose）是最有希望贏得最佳射手的人選，但他在比賽中首先想到的是球隊的勝利，只有球隊勝利了，個人

175

第七章　以團隊的大局為重

的價值也才能展現。相反，為了幫助羅納度（Ronaldo Luís Nazário de Lima）完成個人在世界盃上的各種記錄，巴西球員首先想到的是滿足羅納度一次又一次射門的欲望。當巴西全隊從上到下都還沉浸在打破各項記錄的時候，法國隊卻在齊達內（Zinedine Zidane）的率領下發起了致命的反擊。法國隊的勝利不僅是齊達內的勝利，也是全隊配合的勝利。

義大利隊靠著鋼筋混凝土般的頑強防守一路走進了決賽，沒有頑強的鬥志是不可能的。在主教練裡皮的腦子裡，重現24年前的輝煌是球隊前進的動力。決賽中，儘管義大利隊場面不占優勢，但還是靠頑強的整體防守把比賽拖到了點球大戰，最後靠著門將布馮的神奇發揮而捧得了大力神杯。這也可以看做是群體英雄主義戰勝個人英雄主義的範例。

一個人活著是需要有一點精神的，一個企業的生存和發展也是需要精神力量的。只有將所有員工的個人精神凝聚成一種團隊精神，這個企業才能興旺發達，不斷取得成功。

> 德國的賓士汽車公司，其實有兩個創始人：一個是卡爾·賓士（Karl Friedrich Benz），一個是戈特利布·戴姆勒（Gottlieb Daimler）。1885 和 1886 年，卡爾與戈特利布構造出了各自的第一輛汽車。1883 年卡爾先起爐灶，在曼海姆建立了賓士汽車公司。1890 年戈特利布緊隨其後在斯圖加特建立起戴姆勒汽車公司。1894

年和 1896 年，兩公司分別推出了世界上第一輛汽油機公共汽車和第一輛汽油機載重汽車。兩家公司都擁有強大的實力，但由於美國福特汽車的衝擊，兩家合併，於 1926 年合併正式成立戴姆勒 - 賓士汽車公司（簡稱賓士公司）。合併後，公司得到了長足的發展，而今已成為屈指可數的世界汽車「大亨」。

我們都知道，雁群之所以成倒「V」字型飛行，是因為這種飛行方式要比孤雁單飛節省 70% 的力氣，相對地也就等於增加了 70% 的飛行距離。而且隔段時間，處在「V」字頂端的大雁會輪換，以便能讓每隻大雁保持好體力。牠們知道，單憑個人的力量是無法完成遷徙的，要想生存只有靠群體的力量。

所以，在工作中展現整體目標是非常重要的。現在的社會分工越來越精細，個人的智力、能力都是有限的，不可能面面俱到，而加強合作無疑可以取長補短，因為只有這樣才能保持各個部分之間的協同，才能使團體效率最大化。

團隊的目標高於一切

任何團隊都有其確定的目標，團隊裡的每一名成員都是為了完成這個目標而工作的。團隊的目標高於一切，是團隊成員共同的目的地。為了實現這個目標，大家彼此協調，並肩作戰。

團隊是一個群體，包含很多個體的組織。當團隊形成以

第七章　以團隊的大局為重

後，每個個體都會對團隊以及其他成員有一定的要求。明確其他人有哪些要求，對個體融入團隊是非常有幫助的。

團隊有特定的目標，因此，當某個個體在為這個目標而奮鬥的時候，他希望團隊的其他成員也在努力工作。如果其他人不能為目標的實現做出貢獻，就會拖累整個團隊的工作進展，進而影響到個體的利益。

團隊中的每一名成員都要樹立團隊目標至上的信念。只有整個團隊的目標達到了，團隊的業績提高了，自己的才能才會得到最大限度的發揮，人生價值才能得到最大限度的實現。

因此，在日常工作中要以群體的利益為重，無私奉獻；要加強溝通與合作，充分整合各種資源，充分發揮自己的才能。每個人都離不開團隊，團隊也離不開個人，所以，我們應有不斷增強自己能力的責任感和使命感，進而不斷提高團隊意識，服從團隊的目標。

心中有了團隊的目標，對工作中遇到的難題要集思廣益，積極徵求其他成員的意見，充分發揮所有成員的創造性思維，在工作上不斷創新和提高。有了這個共同的目標，就有了行為的標準，也就不會為了在工作中跟相關部門的摩擦而耿耿於懷，大家就真正能做到精誠團結，協同作戰。

職場上一定會有勞逸不均的現象，任何人都不能保證自己在工作上從不犯錯。但如果每個人心中有了團隊共同的目標，

大家就會在自己出錯時，用良好的態度去彌補一些過失，而不是急著把責任往別人身上推。

團隊目標對於我們處理個人發展與公司發展關係的問題很有益處。帶著一種做事業的心態來做事，也就是真正把個人的發展融入到公司的發展當中去了。當公司發展壯大了，你會發現自己自然而然地得到了應得的回報。

因此，你還要發揮自己的才華，透過個人才華的有效發揮，提高其他成員獨立作戰的能力和市場競爭意識。這樣，團隊中成員的個人綜合素養會得到很大的提高，團隊的戰鬥力也會大大增強。

團隊的目標高於一切，個人目標要永遠服從於團隊目標。團隊目標和個人目標是一對矛盾統一體，所以二者在特定的條件下同時存在必然會產生一定的矛盾。如果處理不當，勢必會影響團隊的整體戰鬥力。根據團隊利益高於一切的原則，個人目標必須永遠服從於團隊目標；同時，必須注意在維護團隊目標的前提下，發揮個人才能。如果過度壓制個人才能的發揮，團隊就會缺乏創新力，跟不上市場形勢的發展；而過度強調個人目標，就會使成員之間缺乏合作的精神，各自為政，目標各異，個人利益就會占據上風，團隊利益就會被淡化，整個隊伍很可能成為一盤散沙，不堪一擊。

公司的團隊目標高於一切，只有每名成員都按照這個原則

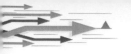

第七章　以團隊的大局為重

來工作，團隊的目標才比較容易達到。是否做到「團隊目標高於一切」是判別一名員工是否優秀的重要標準。現代公司崇尚團隊意識，與團隊目標格格不入的人，即使他很能幹，也不可能成為一名優秀的員工。在這種情況下，他要麼改變自己，融入團隊，要麼選擇離開。

不能沒有團隊精神

身為公司的一員，切忌在工作中搞個人英雄主義。不要以為自己是全能的，其他人都一無是處，因而不把別人放在眼裡。別忘了公司的運作更需要的是團隊的精誠合作，沒有了別人的合作，即便你的個人能力再強，終將寸步難行。

下面這個故事就很好地說明了團隊精神的重要性。

從前，有兩個人走到了一個荒蕪人煙的地方，隨時都有餓死的危險。上帝對兩個飢餓的人施予了的恩賜，拿出一根魚竿和一簍鮮魚讓他們自己去分。其中，一人要了魚竿，另一人則拿走了這簍魚。拿到東西後，兩人便帶著自己心中的如意打算離開了。

拿到魚的人想，憑這簍魚，我一定會走出這個沒有人煙的地方；而拿到魚竿的人則想，魚很快就會吃光的，而前方就是大海，有了魚竿就不愁以後吃不到魚了。

得到魚的人沒走幾步，便找來樹枝生火把魚煮了。

聞著魚的香味，他顧不上細細品嘗，便狼吞虎嚥地吃了起來。不一會，他就把一簍魚吃了個精光。沒過幾天，由於沒有再得到新的食物，他最終餓死在了空空的魚簍旁。

另一個拿了魚竿的人則忍著飢餓，一步步地向著大海的方向走去。當他終於可以看到蔚藍的大海的時候，最後一絲力氣已經用盡，再也沒有力氣去釣魚了。因此，他也只能是帶著無限的遺憾離開了人世。

當上帝看到這一切時，無奈地搖了搖頭，並決定再發一回慈悲。於是，又有兩個飢餓的人得到了魚竿和一簍鮮魚這兩樣東西。這次，這兩個人並沒有像上次那兩個人那樣將東西一分各奔東西，而是決定互幫互助，一起去尋找大海。

一路上，他們每次只煮一條魚充飢，因為他們不知道前面的路還要走多久。最終，經過長途跋涉，他們終於到達了海邊，用上帝給他們的魚竿釣魚來維持生活，並且從此定居了下來。幾十年過去了，他們居住的地方已經發展成為一個漁村，他們的後人也繼承了這兩位創立者的優秀傳統，相互合作，互幫互助，讓小小的漁村呈現出一派欣欣向榮的景象。

回到我們的現實生活中來，一個人的力量是非常有限的，職場中有些人過度看重自己的個人表現，只工作而不去合作，甚至認為合作會讓他人占了自己的便宜。因此，寧可一頭栽進

第七章　以團隊的大局為重

自己的專業中埋頭苦幹，也不願去和同事合作交流。這樣的人，僅靠單打獨鬥想到達自己事業的巔峰是非常困難的。即便是取得了一些成績，他也會發現，原來自己早已被別人遠遠超過了，自己費盡心血得來的不過是「明日黃花」。

有一位人力資源專家指出：「許多年輕人在職場中普遍表現出來的自負和自傲，使他們在融入工作環境方面顯得緩慢而困難。他們缺乏團隊合作精神，專案都是自己做，不願和同事一起想辦法，各自為戰，每個人往往會得出不同的結果，浪費了大量的時間和精力，最後卻對公司一點貢獻都沒有。」

在工作中，個人英雄主義其實是自私自利的一種表現。對於企業來說，一個人的成功算不上真正的成功，團隊的成功才是公司最大的追求。個人主義在職場上是行不通的，作為職場的個體，你可能會憑藉自己的才能取得一定的成績，但永遠不會到達事業的巔峰。

或許有人會認為透過個人英雄主義的有效發揮，能有效提高成員獨立作戰的能力和市場競爭意識，個人的綜合素養也會得到很大提高，團隊的戰鬥力也會大大增強。但是，個人英雄主義必須永遠服從於團隊利益，必須在維護團隊利益的前提下，發揚個人英雄主義。過度強調個人英雄主義，就會使成員之間缺乏合作精神，各自為政、目標各異，個人利益就會占據上風，團隊利益就會被淡化，整個團隊很可能成為一盤散沙，變得不堪一擊。

說到底，個人英雄主義和團隊精神的矛盾，其實就是人的本性和人的社會化之間的矛盾。喜歡展現個人英雄主義的人是融不進團隊的，融不進團隊也就意味不會顧及團隊的整體利益。

因此，做一些個人主義，不但不會贏得主管的賞識，更會失去同事的信任，最終會讓自己在工作中成為孤家寡人，甚至會一事無成。

團隊合作贏得精彩

面對社會分工的日益精細化、技術及管理的日益複雜，個人的力量和智慧顯得蒼白無力。在很多情況下，單靠個人能力已很難有效地處理各種錯綜複雜的問題。這就需要人們組成團體，並要求組織成員之間進一步相互依賴、相互連繫、共同合作，建立合作團隊來解決錯綜複雜的問題，並進行必要的行動協調，開發團隊的應變能力和持續的創新能力，依靠團隊合作的力量創造奇蹟。

哲學家威廉·詹姆士（William James）曾經說過：「如果你能夠使別人樂意和你合作，不論做任何事情，你都可以無往不勝。」合作是一種能力，更是一種藝術。唯有善於與別人合作，才能獲得更大的力量，爭取更大的成功。

美國「發現號」太空梭在完成了第四次太空飛行使命後，女機長愛琳·柯林斯及機組人員與美國小學生舉

第七章　以團隊的大局為重

行了見面會。其中一名學生問：「你們在太空飛行中獲得的最有價值的經驗是什麼？」

愛琳機長說：「最有價值的經驗就是人與人的合作。作為機長，我對太空梭負有許多責任，這必須透過與機組人員的合作來實現。只有相互合作，各展所長，才能發揮團隊的作用。」

可見，要想獲得成功，你就應該學會與人合作，而不是單獨行動。只有把自己融入到團隊和群體中，才能取得更大的成功。融入團隊必須要有團隊意識，摒棄個人主義，代之以齊心協力的合作意識，扮演好自己的團隊角色。

合作是取得成功的重要前提，不能與他人很好地合作，你就難以取得良好的工作成果，有時甚至僅僅把工作做到符合標準也非常困難。

工作是一臺巨大的結構複雜的機器，進入職場的每個人就好比每個零件，只有各個零件凝聚成一股力量，這臺機器才能正常運轉。這也是工作中每名員工都應該具有的工作精神和職業操守。在工作過程中，與他人和諧相處，密切合作是一名優秀員工所應具備的必不可少的素養之一。

有一家跨國公司對外招聘三名高層管理人員，九名優秀應聘者經過初試、複試，從上百人中脫穎而出，得

以參加由公司董事長親自把關的面試。

董事長看過這九個人的詳細資料和初試、複試成績後，相當滿意，但他又一時不能確定聘用哪三個人。於是，董事長給他們九個人出了最後一道題。董事長把這九個人隨機分成 A、B、C 三組，指定 A 組的三個人去調查男性服裝市場，B 組的三個人去調查女性服裝市場，C 組的三個人去調查老年服裝市場。董事長解釋說：「我們錄取的人是用來開發市場的，所以，你們必須對市場有敏銳的觀察力。讓你們去做調查，是想看看大家對一個新行業的適應能力。每個小組的成員都務必全力以赴。」臨走的時候，董事長又補充道：「為了避免大家盲目展開調查，我已經叫祕書準備了一份相關的資料，走的時候你們自己到祕書那裡去取。」

兩天以後，每個人都把自己的市場分析報告遞到了董事長那裡。董事長看完後，站起身來，走向 C 組的三個人，分別與之一一握手，並祝賀道：「恭喜三位，你們已經被錄取了！」隨後，董事長看看大家疑惑的表情，哈哈一笑說：「請大家找出我叫祕書給你們的資料，互相看看。」

原來，每個人得到的資料都不一樣，A 組的三個人得到的分別是本市男性服裝市場過去、現在和將來的分析，其他兩組的也類似。董事長說：「C 組的人很聰明，

> 互相借用了對方的資料，補齊了自己的分析報告。而 A、
> B 兩組的人卻分別行事，拋開隊友，自己做自己的，形
> 成的市場分析報告自然不夠全面。其實我出這樣一個題
> 目，主要目的是考察一下大家的團隊合作意識，看看大
> 家是否善於在工作中合作。要知道，團隊合作精神才是
> 現代企業成功的保障！」

由此可見，越來越多的公司老闆把是否具有團隊合作精神
作為甄選員工的重要標準。在知識經濟時代，競爭已不再是單
獨的個體之間的鬥爭，而是團隊與團隊的競爭、組織與組織的
競爭，任何困難的克服和挫折的平復，都不能僅憑一個人的勇
敢和力量，而必須依靠整個團隊。

以團隊的利益為重

團隊中的每個人都應以團隊利益為重。尤其是在遇到困難
時，團隊成員之間互助合作的優勢便發揮出來了。沒有人能單
獨抵擋哪怕只是一次小小的打擊。

一個不具備團隊精神的人，即使個人工作做得再好也無濟於
事。因為沒有團隊精神的人往往缺少大局觀，對於團隊來說，一
名員工僅僅做到獨善其身是遠遠不夠的。真正優秀的員工不僅要
有超人的能力、傲人的業績，更要具備團隊精神，為團隊整體業
績的提升做出貢獻。一個人的成功是建立在團隊成功的基礎上

的，只有團隊的績效獲得了提升，個人才會受到嘉獎。

所以，作為職場的一員，要想做出一番事業來，只有把自己融入到所在的公司之中，借助整個團隊的力量，才能把自己所不能完成的棘手的問題解決好。如果你在工作中只想表現自己，而把團隊利益棄之不顧，很快就會陷入一個人摸索前進的不利境地，最後的結果只能是「死路」一條，很可能會失去這次工作機會。明智且能獲得成功的捷徑就是充分利用團隊的力量。

世界上每個著名企業成功的背後有一點是相同的，那就是它們都有一支優秀的團隊。團隊意識就是公司職員對本公司的認可程度，就是把公司的利益放在第一位的意識，個人利益服從團隊利益的意識。團隊的精髓是共同承諾。共同承諾就是共同承擔群體責任。沒有這一承諾，團隊就如同一盤散沙。做出這一承諾，團隊就會齊心協力，成為一個強有力的群體。

我們經常可以看到這樣一種情況，當企業遇到難題要解決時，總會有一些員工思想產生波動，要麼消極怠工，要麼急著跳槽。

> 某服裝廠因布料供應商生產線出了事故，導致布料的供應推後了 20 天。為了在規定時間內完成訂單任務，廠長決定實行三班制，爭取掌握時間完成產品供應。這時有的員工站出來說話了：「我家住得遠，不能上夜班。」「我孩子小，晚上不能沒有人照顧。」「我不想要加班

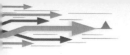

第七章　以團隊的大局為重

> 費，也不來加班。」由於遭到了員工的抵制，廠裡只得實
> 行兩班制，取消了夜班計畫。
>
> 　　最後因為時間緊迫，服裝廠沒有按期交貨。按照合
> 約的規定，服裝廠被扣除了貨款總額20%的違約金。廠
> 方蒙受了很大損失，全廠員工的年終獎也大打折扣，直
> 到此時，這些員工才感覺後悔極了。

　　員工與企業是一個利益共同體，有著密不可分的連繫。當
你融入一個團體以後，就是這個團體的一分子，你的言行代表
了團體，影響著整個團體。如果一名員工雖然能力出眾，卻缺
少團結合作的精神，即使能在短時間內帶來效益，也不可能帶
來長遠利益；如果一名員工不能誠實、公正地做一件工作，
那麼團隊就會受到汙染，企業就會有損害。只有為團隊利益工
作，為團隊創造良好的聲譽，這樣作為個人角色工作的員工才
會受到禮遇。

> 　　日立公司的員工用實際行動詮釋了如何以團隊利益
> 為重。1970年代，世界出現了石油危機，由此而引發了
> 全球性的經濟大蕭條，日立公司也不例外。公司首次出
> 現了嚴重虧損，困難重重。為了扭轉這種頹勢，日立公
> 司頒布了一項驚人的人事管理決策：1974年下半年，全
> 公司所屬工廠的大部分員工（將近70萬名工人），暫時
> 離廠回家待命。第二年4月，日立又將所錄用的工人上

以團隊的利益為重

班時間推遲了 20 天，促使新員工一進公司便產生了危機意識，有了很強的緊迫感。公司所有員工都十分理解集團的決定，以團體的利益為上，不但沒有怨聲載道，反而更加奮發努力地工作，最後日立公司得以重新振興。與此同時，這些員工也得到了最大的實惠。

可見，團隊與個人的利益是建立在共同利益的基礎上的。只有將團隊的利益放在高於一切的位置上，服從組織做出的正確決策，才能在企業進步的同時，實現個人利益的最大化。世界各大企業都非常注重對員工團隊精神的培養。例如：微軟、蘋果電腦、谷歌、惠普、奇異電氣、可口可樂等許多知名企業都特別強調團隊精神。在崇尚個人價值的西方，在企業和組織裡面同樣嚴格遵循個體服從整體的準則，這就是對團隊精神與個人價值的正確理解。

在團隊中，更要樹立「我為人人，人人為我」的思想。在企業內部，部門之間、前道工序與後道工序之間的關係都是供應鏈，這種連結關係只有透過相互合作、群策群力才能圓滿地完成。一個好的企業或者一個好的部門，往往是透過自我調節，把摩擦問題降到最低點的。對於問題不能「事不關己，高高掛起」，更不要對一些責任不是很明確的問題採取「踢皮球」的態度；正確的方法應該是積極去面對，把這些邊界問題盡量在自己部門裡加以解決，為其他部門、為同事、為下道工

序創造好的工作條件。

　　團隊成員必須建立起對團隊的歸屬感，高度認同自己是團隊的一員，絕不允許有損害團隊利益的事情發生。只有你極具團隊榮譽感，願意為團隊的利益與目標盡心盡力，反對個人主義、本位主義及「山頭主義」，才能在個人利益與團隊利益相衝突時，讓個人利益服從於團隊利益。身為一名優秀的員工，一定要具備這種以團體利益為重的思想，這樣才能在工作中取得更大的成績。

單絲不成線，獨木不成林

　　在職場中，個人的發展離不開團隊的發展。我們只有將個人的追求與企業的追求緊密結合起來，破除個人英雄主義，做好團隊的整體配合，取長補短，形成協調一致的團隊默契，才能創造出更大的價值。

　　有這樣一個小故事：

　　　　小猴和小鹿在河邊散步，牠們看到河對岸有一棵結滿果實的桃樹。

　　　　小猴對小鹿說：「我先看到桃樹的，桃子應該歸我。」說著就開始過河。但是小猴的個子實在太矮了，只走到河中間，就被河水沖到下游的礁石上去了。小鹿說：「是我先看到的，應該歸我。」說著就過河去了。小鹿到了桃

樹下，不會爬樹，怎麼也採不著桃子，只好回來了。

這時身邊的柳樹對小鹿和小猴說：「你們要改掉自私的壞毛病，團結起來才能吃到桃子。」

於是，小鹿幫助小猴過了河，來到桃樹下。小猴爬上桃樹，摘了許多桃子，自己留下一半，分給小鹿一半。

牠們吃得飽飽的，高高興興地回家了。

這個故事告訴我們一個深刻的道理：優勢互補。小猴與小鹿，就其個體而言，儘管都有自己的特長，但如果「單槍匹馬」是摘不到桃子的。然而，一旦他們組成一個相互合作的團隊，就出現了取長補短的奇蹟——輕而易舉地摘到了桃子。可見，在一個團隊中，每個人都各有所長，又各有其短，唯有互相取長補短，才會相得益彰，各顯千秋。

身為公司的一員，我們要善於與人合作，把自己融入整個團隊中，憑藉整體的力量，完成自己所不能完成的工作。所以，一個人最明智且能獲得成功的捷徑就是善於同別人合作。

21 世紀是一個知識經濟的時代，也越來越要求有團隊合作的能力。如果沒有其他人的合作，任何人都無法取得持久性的成功。但是，有些人由於無知或自大，誤認為自己能夠駕駛小船駛入這個處處都充滿危險的人生海洋。這種人終會發現，有些人生的漩渦比危險的海域還要危險萬分。只有透過和諧的合作努力，才能到達成功的彼岸，單獨一個人必定無法獲得成功。

第七章　以團隊的大局為重

> 　　有個年輕人，進入職場的第一天，他的上司就分配給他一項任務：為一家知名企業做一個廣告企劃方案。
>
> 　　這個年輕人不敢怠慢，就開始埋頭認認真真地做起這個方案來。他不言不語，一個人摸索了半個月，還是沒有眉目。顯然，這是一件他難以獨立完成的工作。上司交給他這樣一件工作的目的，是為了考察他是否有合作精神。但他不善於合作，既不請教同事和上司，也不懂得與同事一起合作研究，只憑自己一個人的力量去蠻幹，當然拿不出一個合格的方案來。

　　由此可見，一個人要想取得成績，只發揮以一當十的幹勁還不夠，還必須提升自己的團隊合作精神，使整個團隊發揮以十當一的功效。

　　在工作中，同事之間有著密切的連繫，誰都不能單獨地生存，誰也脫離不了群體。依靠群體的力量，做合適的工作而又成功者，不僅是他個人的成功，同時也是整個團隊的成功。相反，明知自己沒有獨立完成的能力，卻被個人欲望或感情所驅使，去做一件根本無法勝任的工作，那麼失敗的機率也一定更大。而且這不僅是你一個人的失敗，同時也會牽連到周圍的人，進而影響到整個公司。

　　因此，一個團隊、一個群體，對一個人的影響十分巨大。善於合作，有優秀團隊意識的人，整個團隊也能帶給他無窮的

幫助。如果你想要在工作中快速成長，就必須依靠團隊、依靠群體的力量來提升自己。

融入團隊讓自己更完美

在工作中，每個人都是某一團隊中的一員，而競爭也不再是單獨的個體之間的鬥爭，而是團隊與團隊的競爭、組織與組織的競爭。任何困難的克服和挫折的恢復，都不能僅憑一個人的勇敢和力量，而必須依靠整個團隊。

人們常說：「沒有完美的個人，只有完美的團隊。」在現代一些大企業中，企業內部分工也越來越細，任何人，不管他有多麼優秀，想僅僅靠個體的力量來完成一項工作都是不可能的。「有很強的能力並善於與他人合作」，已成為企業在招募員工時的素養標準。

> 有一次，公司的經理把一個重要的專案安排給王思琪所在的部門。王思琪的主管反覆斟酌考慮，猶豫不決，最終沒有拿出一個可行的工作方案。王思琪認為自己對這個專案有十分周詳而又容易操作的方案。為了表現自己，她沒有與主管商量，更沒有貢獻出自己的方案，而是越過主管，直接向經理說明自己願意承擔這個任務，並提出了可行性方案。
>
> 王思琪的這種做法嚴重地傷害了主管，破壞了團隊

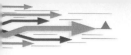

第七章　以團隊的大局為重

> 的團結。結果，當經理安排她和主管共同執行這個專案時，兩個人在工作上不能達成一致意見，產生了重大的分歧，導致團隊中出現分裂，專案最終擱淺了。

身為一名團隊中的個體，只有把自己融入到整個團隊之中，憑藉群體的力量，才能把個人不能完成的棘手的問題解決。

駱駝雖然被稱為「沙漠之舟」，但一隻駱駝很難隻身穿越遼闊的沙漠，而一支駝隊卻能夠安全越過沙漠的死亡地帶。這是因為，沙漠環境惡劣，沙塵暴來時駝隊會圍在一起抵禦風沙，這種齊心協力對每隻駱駝來說也是信心上的鼓勵；而駱駝獨行時，這種鼓勵就沒了，困難對它身心的打擊就會加大。

同樣的道理，一個人要想成大事，必須學會與同事合作。這樣一方面可以彌補自己的不足，另一方面可以形成一股合力。衡量一個人的工作表現優劣，有時不能只看個人的成績。如果你與同事齟齬過多，也會在通往成功的航路上遭遇暗礁。在一個企業中，幾乎沒有一件工作是一個人能獨立完成的，大多數人只是負責一部分工作。只有依靠部門中全體員工的互相合作，工作才能順利進行，才能成就一番事業。

合理的人才搭配可以使人才個體在總體協調下釋放出最大的能量，從而產生出良好的組織效應。如果把沙子、水泥和石子堆在一起，在沒有水的情況下，這些東西是相互分離的，只是一堆混合物。但如果在這三樣東西裡加入水，攪拌成混凝土

融入團隊讓自己更完美

後，本質就會發生變化，它們之間就會實現充分的融合，從而變得堅不可摧。這也正是人力資源管理領域中最著名的定理之一：米格-25 效應。

　　前蘇聯研發生產的米格-25 噴氣式戰鬥機，以其優越的性能而廣受世界各國青睞。然而，眾多飛機製造專家卻驚奇地發現：米格-25 戰鬥機所使用的許多零件與美國戰機相比要落後得多，而其整體作戰性能達到甚至超過美國等其他國家同期生產的戰鬥機。原因就在於，設計者充分考慮了其整體性能，對各零部件進行了更為協調的組合設計，因此米格-25 能在升降、速度、應急反應等方面成為當時世界一流的戰鬥機。因此，最佳整體不是最佳個體的集合，而是透過個體有機的搭配組合，才產生出的最大、最佳效能。

　　弗里德里希‧恩格斯（Friedrich Engels）曾講過一個法國騎兵與馬木留克騎兵作戰的例子：騎術不精但紀律很強的法國騎兵，與善於格鬥但紀律渙散的馬木留克騎兵作戰，若分散而戰，3 個「法兵」戰不過 2 個「馬兵」；若 100 人相對，則勢均力敵；而 1,000 名「法兵」必能擊敗 1,500 名「馬兵」。說明「法兵」在大規模協同作戰時，發揮了協調作戰的整體功能，團隊合作是提升單個「法兵」戰鬥力的祕訣。

　　因此，一個人要想獲得成功，一定要注意與其他人的配合、互補和相互取長補短，達到絕對的默契。在一個團隊中，

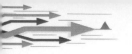

第七章　以團隊的大局為重

既要有盟主，又要有智囊，還要有執行的人。在執行的人中也不是清一色，也要盡量做到才能、性格不一樣，有剛有柔，形成才能互補，性格互補。只有不同類型的人才組合在一起，才能最終形成最佳團隊。

合作已成為人類生存的手段。因為隨著科學知識向縱深方向發展，社會分工越來越精細，人不可能再成為百科全書式的人物。每個人都要借助他人的智慧完成自己人生的超越，於是這個世界充滿了競爭與挑戰，也充滿了合作與快樂。

第八章　感恩公司的給予

作為企業的員工，我們要有一顆感恩的心。企業為我們提供了工作就業、提升能力、成長成才的機會，所有這些都值得我們去感恩。感恩企業給予的恩惠，我們會更加忠誠敬業，盡心盡力，勤奮地工作，與企業風雨同舟，榮辱與共，興衰同在，為企業的發展壯大努力工作。

第八章　感恩公司的給予

用感恩的心對待一切

當前，感恩已經成為一種普遍的社會道德。然而，人們常常為來自一個陌生人的點滴幫助而感激不盡，卻無視朝夕相處的老闆的種種恩惠和工作中的種種機遇。

有些優秀的員工在事業上取得了成功。在談及自己成功的原因時，他們往往歸功於自己的個人努力。一個人的成功當然跟個人的努力是密不可分的，但肯定也缺少不了別人的幫助。在你努力工作的時候，總有老闆和同事的幫助；在你從普通到優秀的時候，最應該感謝的，是曾經幫助過你的老闆和同事。

這種心態難免會讓他們輕視自己的工作，並把公司、同事對自己的幫助視為理所當然，還時常滿腹牢騷、抱怨不止，如此一來也就談不上恪守職責了。

每一份工作或每一個工作環境都無法盡善盡美，但每一份工作中都有許多寶貴的經驗和資源，如失敗的沮喪、自我成長的喜悅、友善的工作夥伴、值得感謝的客戶等等，這些都是工作取得成績必須學習的經驗和必須具備的財富。如果你能每天懷著感恩的心去工作，在工作中始終牢記「擁有一份工作，就要懂得感恩」的道理，就一定會收穫很多。

靜下心來，想想你每次的行動，哪一次沒有別人的幫助？如果你是員工，你的工作是老闆提供的，你用的工作設備、文件紙張等等都是別人提供的……只要你稍許留意，就會發現自

己身邊有許多意料之外的支援，你難道不應該時時刻刻都感謝別人的恩惠嗎？

員工和老闆雖然是一種雇傭關係，但同時也是合作的關係：你接受老闆給你的工作，領取薪水；他靠你的工作來維持公司的生產營運；你們各取所得，互相依存。可以說，沒有老闆也就不會有你的工作機會，從這個意義上來說，老闆是有恩於你的。那麼，為什麼不告訴老闆，感謝他給你機會呢？感謝他的提拔，感謝他的培養！為什麼不感激你的同事呢？感激他們對你的理解和支持！

這樣一來，你的老闆也會以具體的方式表達他的感激，也許是更多的薪水、更多的信任和更多的提升。你的同事也會更加樂於與你友好相處。

一種感恩的心態可以改變一個人的一生。當我們清楚地意識到無任何權利要求別人時，就會對周圍的點滴關懷或任何工作機遇都抱有強烈的感恩之情。因為要竭力回報這個美好的世界，我們會竭力做好手中的工作，努力與周圍的人快樂相處。結果，我們不僅工作得更加愉快，所獲得的幫助也更多，工作也更出色。

把感恩的話說出來，並且經常說出來，有一個最大的好處，就是可以增強公司的凝聚力。那些訓練有素的推銷員，遭到拒絕後，他們仍然真誠地感謝顧客給予他們解說的機會，從

第八章　感恩公司的給予

而給顧客留下一個好印象，從而增加顧客在他們下次前來推銷時購買產品的機會。

需要清楚的一點是，感恩不是拍馬屁和阿諛奉承。真正的感恩應該是真誠的、發自內心的感激，而不是為了某種目的，迎合他人而表現出的虛情假意。與拍馬屁不同，感恩是自然的情感流露，是不求回報的。時常懷有感恩的心情，你會變得更謙和、可敬且高尚。每天都用幾分鐘時間，為自己能有幸擁有眼前的這份工作而感恩，為自己能進這樣一家公司而感恩。所有的事情都是相對的，不論你遭遇多麼惡劣的情況，都要心懷感激之情。

對工作心懷感激並不僅僅有利於公司和老闆。「感激能帶來更多值得感激的事情」，這是一條永恆的法則。請相信，努力工作一定會帶來更多、更好的工作機會和成功機會。

如果現在你還是在別人手下做事，在和老闆相處時，不妨主動和他們靠得近一點。你會發現他們很高興你這樣做，他們也從心底喜歡你！在你做了老闆後，當員工流露出感恩的態度時，你同樣會備感欣慰。

對於個人來說，懂得感恩的人生是富裕的人生，只知道受恩則表示你的貧乏。感恩是一種深刻的感受，能夠增強個人的魅力，開啟神奇的力量之門，發掘出無窮的智慧。感恩也像其他受人歡迎的特質一樣，是一種習慣和態度。即使你的努力和

感恩並沒有得到相對的回報,也不必抱怨自己什麼都沒有得到。同樣心懷感激之情吧!你從事過的工作,已經給了你許多寶貴的經驗與教訓。

你要想有所作為,就要做到知恩圖報。你應該時刻記住,你拿的薪水就像你喝的水!即使挖井人不圖回報,你也應該有個感恩的態度,至少在適當的時候表示自己的感謝。得到了晉升,你要感謝老闆的獨具慧眼,感謝他的賞識;失敗的時候,你不妨對自己多了一次鍛鍊的機會而心存感激。將感恩的心態帶到工作中,你不但會因為自己是公司的一員而感到欣喜,還會因此而更加忠誠、勤奮地工作。

感恩不需要花一分錢,只要你虔誠地給予,這項投資就會給你帶來意想不到的收穫:你的人格魅力會散發出謙遜的光彩;你無窮的智慧將被源源不斷地挖掘出來;你神奇的力量將會被開啟。

感恩既是一種良好的心態,又是一種奉獻精神。所以,當你以一種感恩圖報的心情工作時,就會工作得更愉快,更出色。

謝謝老闆對你的栽培

很多時候,我們將工作關係理解為純粹的商業利益交換關係,認為與老闆相互對立理所當然。這時候我們是否也應該反問一下自己是否擁有一顆感恩的心。

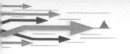

第八章　感恩公司的給予

當我們拿著薪水和家人團聚、孝敬父母、給愛人買禮物時；當我們工作之餘，一家三口悠閒地逛公園時；當我們在歡騰的假日裡，和朋友開懷暢飲時，我們是否會想到去感恩自己的老闆？當我們在企業給予的舞臺上獲取了尊重、榮耀、地位，實現了有價值的一生，我們是否會想到去感謝老闆的栽培呢？

老闆為我們提供了發展的空間和實現自我價值的平臺。在這個平臺上，我們在增長著閱歷，豐富著自我，實現著人生的價值；在這個平臺上，我們用熱情點燃著理想，用薪資支配著生活。因此，我們要感謝老闆培養我們，感謝老闆給予我們一片展示自我的天地。

> 小王大學畢業後，在一家公司做程式設計師。剛開始的時候，他不熟悉公司的情況，上司卻讓他獨立去開發一個系統，而沒有給他任何資料和指示。小王當時都快暈了！可是又不敢說什麼，只好到處查資料，請教別人，好不容易完成了。當他把設計方案拿給老闆看時，卻被指出很多錯誤，要求他拿回去修改，這樣折騰了幾個回合，才算交差。
>
> 小王當時的想法是，這個老闆自己什麼也不做，就會挑毛病。他甚至覺得老闆在難為自己，跟自己過不去。儘管小王心裡有很多怨言，但每次都認真地完成了老闆交給的任務。後來，當小王能獨當一面被重用後，

才覺得如果沒有老闆這種「魔鬼式的折磨」，自己是不可能進步這麼快的。

雖然我們經常抱怨「老闆太苛刻，太沒人情味」，但我們認真地思考一下，無論是嚴肅的老闆還是善解人意的老闆，他們的本意都是為了讓我們把工作做好。如果我們能從內心深處意識到，正是因為老闆的諄諄教誨和批評指正，才有了我們的進步，我們還會去抱怨嗎？所以，我們要懷著一顆感恩的心去工作，即便是很勞累，工作時的心情也是愉快而積極的。

李明奇畢業後，來到一家公司工作。剛從學校畢業的他，初生之牛犢不怕虎，經過收集資料和實際的市場調查，給公司老闆寫了一封郵件，提出了公司存在的問題和發展的建議。老闆讀完後認為李明奇是一個會思考並熱愛公司的人，當即決定提升他為部門經理。正如公司老闆所想的，李明奇是一個熱愛公司的人，更重要的是他將這種熱愛轉化為了一種行動。這樣的年輕人當然會得到老闆的重用。作為李明奇個人，在被主管委以重任的時候，他能不從心底裡感恩老闆不重資歷而看重能力的這樣一種選才用人的眼光嗎？他能不比別人成長得更快嗎？正是由於公司老闆大膽授權並委以重用，最終成就了李明奇。

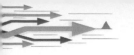

第八章　感恩公司的給予

我們應該感謝老闆的知遇之恩，給老闆多一些理解和支持。只有懷著一顆感恩的心去工作，你才會發現，自己應該感謝老闆的幫助，並透過努力工作，積極進取，回報老闆對你的期望。

老闆為我們提供了學習、深造、歷練、成長的階梯，為我們提供了成就自我的平臺。老闆提供給我們實戰的學習環境，免費給我們提供標竿和榜樣。我們為什麼不努力工作報答老闆的知遇之恩，在成就老闆的同時也成就自己呢？

老闆和員工之間並非是對立的關係，從商業角度看，是一種合作共贏的關係；從情感的角度看，則是一份親情和友誼。因此，當你擁有一份滿意的工作時，不要忘記感謝你的老闆。

用工作實踐感恩

工作對於每個人來說，都展現了生命的價值與意義。工作是我們的衣食父母，精神食糧，我們從工作中所獲得的一切、享受到的一切，都不是平白無故而來的，而是許多人共同創造、奉獻給我們的。這其中包括老闆給了我們工作的機會和施展抱負的平臺，企業給我們提供了工作環境、辦公設備和各種福利，這些都是我們成就自己的事業與夢想以及實現自己的人生價值所必需的。

　　45 歲的阿強和家人一起去旅遊，臨行時購買了一張刮刮樂，並幸運獲中 2,000 萬元大獎。一夜致富後的阿強辭去了火車司機的工作，買了一層公寓，實現了兒時的夢想。同時，他開始出國旅行。

　　一段時間後，阿強開始懷念以前的工作。「中獎後，我去國外旅行，但我不能忍受自己下半輩子一直旅行下去。」阿強說，「我們去過希臘、西班牙，但我開始渴望回到工作職位。……些人可能認為我有這麼多錢還回鐵路工作是瘋狂之舉，但火車已經融入了我的血液。我的父親和祖父都在鐵路上做了一輩子。我不想把餘生花在旅行上。」阿強申請回到公司，並得到了許可。不過，由於沒有通過體檢，他無法繼續當司機，最後改行當了辦公室行政。「我當時失望地獲悉，由於聽力損傷，我無法回到司機職位。」阿強說，「但當他們向我提供一份辦公室工作時，我倍感歡喜，因為它意味著我將再度和火車和我的老同事打交道。」

　　如今，阿強已重返心愛的鐵路部門，做回每天清晨 5 點起床的上班族。公司也對他的回歸感到欣慰。公司主管說：「我們知道，鐵路工作一旦融入員工的血液，他們就會心甘情願地『留在正確的軌道上』。」即使再富有，阿強也無法捨棄工作、離開鐵路部門。

　　可見，生命中能讓一個人感到最牽掛、最留戀、最不捨、最珍貴的就是工作。正如公司發言人所說，工作一旦融入員工的血液，每個人都會心甘情願地留在正確的軌道上，認真工作。

回報公司對你的厚愛

　　感恩是一種積極健康的心態。當你以一種感恩的心情去工作、去面對所有人時，就會在工作時擁有愉快的心情，而這一點對職場中的每個人來說都是至關重要的。有過這種體驗的人都知道，一份好心情往往會讓你的工作更出色！

　　有一句話說得好：企業給員工以機會，員工還企業以忠誠。只要你帶著感恩的心情，快樂地工作，任何一家企業都願意為你敞開大門！

　　不管是哪一家公司的老闆，誰又不對知恩圖報的人更加青睞呢？主管當然也更願意提攜那些一直對公司存有感恩之心的員工。同事們也更願意幫助那些心存感恩的人。因為這樣的員工不但明白事理，容易相處，而且對工作更熱情，尤其是對公司更加忠誠。

　　　微軟總部的辦公樓裡有一位臨時雇傭的清潔女工，在整座辦公樓的幾百名雇員裡，她是工作量最大、拿薪水最少的人。而且，她也是唯一沒有任何學歷的人。

　　　可是她卻是整座辦公樓裡最快樂的人！每一分鐘她

都在快樂地工作著；見到任何一個人她都面帶微笑；對於任何人的要求哪怕不是自己工作範圍之內的，她都會愉快並努力地幫忙。

周圍的同事也很快被她感染，沒有人在意她的工作性質和地位，有很多人都願意和她交朋友，甚至包括那些公認的冷漠的人。熱情是可以傳遞的，她的熱情就像一團火焰，慢慢地整座辦公樓都在她的影響下快樂了起來。

總裁比爾蓋茲對此很驚異。一次，他忍不住問那位女清潔工：「能否告訴我，是什麼讓您如此開心地面對每一天呢？」「因為我在為世界上最偉大的企業工作！」女清潔工自豪地說，「我沒有什麼知識。我很感激公司能給我這份工作，讓我有不菲的收入來支持我的女兒讀完大學。而我唯一可以回報的，就是盡一切可能把工作做好，一想到這些，我就非常開心。」

比爾蓋茲被女清潔工那種感恩的情緒深深打動了，他動情地說：「那麼，您有沒有興趣成為我們當中正式的一員呢？我想您是微軟最需要的。」「當然，那可是我最大的夢想啊！可是我沒有學歷呀！」女清潔工睜大眼睛道。

比爾蓋茲給了她學習和發展的機會。此後的幾個月裡，這位女清潔工被安排用工作的閒暇時間學習電腦知識，而公司裡的任何人都樂意幫助她。後來她真的成了微軟的一名正式雇員！

第八章　感恩公司的給予

在工作中，我們都應該懷著感恩的心，做好自己的工作。因為老闆信任並提供給我們一份薪水和一個工作平臺，我們就應該責無旁貸地承擔起應有的工作職責。

心存感激，力圖回報

企業員工對感恩應該有這樣一種深刻的認識：公司為我提供了施展才華的平臺，所以我要對公司為我所付出的一切心存感激，並力圖回報。

為了回報公司，你應該善待自己的工作，高興地接受公司給你分配的工作的全部，全心全意、不遺餘力地為公司增加效益，提高工作效率，多為公司的發展考慮。

史蒂文・辛諾夫斯基（Steven Jay Sinofsky）曾經是一名程式設計師，在一家軟體公司做了 8 年。正當他工作如魚得水時，公司卻轟然倒閉了，因此他不得不為了生計重新找工作。這時，恰巧微軟公司招聘程式設計師，待遇相當不錯，史蒂文信心十足地去應聘。憑著扎實的專業知識，他輕鬆過了筆試；對兩天後的面試，他也信心百倍。然而，面試時考官的問題卻是關於未來軟體將如何發展的，這點出乎他的意料之外，令他一時之間不知所措，所以最終慘遭淘汰。

史蒂文覺得這家公司對軟體產業的理解，令他耳目

一新，深受啟發，於是便給微軟公司寫了一封感謝信：「貴公司花費人力、物力，為我提供筆試、面試機會，雖然沒有錄取，但透過應聘使我大長見識，獲益匪淺。感謝你們為之付出的勞動，謝謝！」這封信後來被送到公司總裁比爾蓋茲手中。3個月後，公司出現職位空缺，史蒂文收到了聘書。十幾年後，憑著出色的業績，史蒂文成了微軟公司的副總裁。

雖然應聘失敗，但依然感謝招聘公司的辛勤勞動——一個如此懂得感恩的人，不管走到哪裡，都將大受歡迎。所以，在職場中不管做什麼事情，都要帶著一種感恩的態度。一旦你擁有這種良好的工作態度，幸運女神將永遠陪伴你的左右。

時下有很多年輕人，工作的時候敷衍了事，當一天和尚撞一天鐘，從來不願多做一點本職工作以外的事情。但他們在玩樂的時候卻興致高昂，領薪資的時候爭先恐後。他們似乎不懂得工作需要付出，總想避開棘手麻煩的工作，希望輕輕鬆鬆地拿到自己的薪資，享受工作帶來的益處。

誠然，工作可以給我們帶來物質報酬，可以讓我們擁有一種在別處得不到的成就感，但有一點不應該忘記，豐厚的物質報酬和巨大的成就感是與付出勞動的多少、戰勝困難的大小成正比的。

第八章 感恩公司的給予

一位成功的職場人士說:「 是一種感恩的心態成就了我的人生。當清楚地意識到自己沒有任何權利要求別人時,我對周圍的點滴關懷都懷有強烈的感恩之情。我竭力要回報他們,竭力要讓他們快樂。結果,我不僅工作得更加愉快,而且所獲得的幫助也更多,工作也更出色,從而很快就獲得了加薪升遷的機會。」

只想接受工作的益處和快樂的人,是一種不負責任的人。他們在喋喋不休的抱怨中,在不情不願的將就中完成工作,必然享受不到工作的快樂,更無法得到升遷加薪的獎賞。

那些在求職時念念不忘高位、高薪,工作時卻不能接受工作所帶來的辛勞、枯燥的人;那些不能不辭辛勞滿足客戶的要求,不想盡力超出客戶預期提供服務的人;那些失去熱情,任務完成得十分糟糕,卻總有一堆理由拋給上司的人;那些總是挑三揀四,對自己的工作環境和任務不滿意的人,都需要一聲棒喝:善待自己的工作並帶著感恩的心去工作!

不要忘記工作賦予你的榮譽,不要忘記你的使命。懷著一顆感恩的心,坦然地接受工作的全部,除了艱辛和忍耐,更有成就和快樂。

感恩客戶的抱怨和批評

商業哲學中有句經典的箴言：客戶就是上帝。我不記得這句話起源於何處，但它確實是市場經濟運行機制下誕生的商業思想。它深刻闡釋了客戶理念的至高性，展現的正是以客戶為導向的服務意識，宣導的是一種「服務至上」的商業精神。

隨著資訊時代的到來，「靠服務取勝」成了很多公司的新名詞，「以客戶為中心」也成了很多行銷理念的核心。在現實生活中，客戶比比皆是，大到國家政府機關，小到一位普通的消費者，但是又有多少人能真正地把客戶當成上帝呢？

在工作中，很多人因為沒有客戶意識而給群體造成了很多損失。即使有一些人迫於群體的規章制度，工作基本還能令客戶滿意，但是極少有人會想到客戶跟自己的切身利益有著密切關係。我們只有滿足客戶的要求，才會得到發展和進步。這要求我們要感恩於客戶的抱怨，因為客戶的抱怨是我們改進工作、不斷進步的推動力。

> 約翰是某飯店的一名廚師。一個週末，約翰正忙碌不堪時，服務生端著一個盤子走進廚房，對他說，有位客人點了這道油炸馬鈴薯，他抱怨馬鈴薯切得太厚。約翰看了一下盤子裡馬鈴薯，跟以往的並沒有什麼不同啊，從來也沒有客人抱怨過馬鈴薯切得太厚，但他還是把馬鈴薯切薄些，重做了一份請服務生送去。

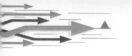

第八章　感恩公司的給予

　　幾分鐘後，服務生端著盤子氣呼呼地走回廚房，對約翰說：「我想那位挑剔的客人一定是遇到了什麼麻煩，然後將氣借著馬鈴薯發洩到我身上，他還是嫌切得太厚。」約翰忍住怒氣靜下心來，耐著性子將馬鈴薯切成更薄的片狀，炸成誘人的金黃色，又在上面撒了些鹽，然後第三次請服務生送過去。沒多久，服務生端著空盤子走進廚房，高興地說：「客人滿意極了，餐廳的其他客人也都讚不絕口，快再來幾份！」

　　這道薄薄的油炸馬鈴薯片從此成了約翰的招牌菜，慢慢流傳開後發展成各種口味。到了今天，馬鈴薯片（洋芋片）已經是幾乎所有地球人都喜歡吃的休閒零食了。

　　縱觀世界，但凡歷史悠久，在市場中久經考驗的企業無一例外地都把客戶放在首位，把客戶作為一切工作的原則，抱著感恩的心，真誠地對待每一位客戶，而這樣所獲得的巨大回報就是：客戶衷心的認同，進而使企業更加壯大。

　　某餐廳自開業到現在已有 30 年的歷史了，餐廳的老闆經常會提醒員工：「品牌的生命是來自於客人多年來對我們的支持，以及我們時時刻刻對客人的在乎。」從最早經營店面時，餐廳的老闆對客戶的抱怨一直是以感激的心態在接受；對於客人的建議或不滿，他總是願意傾聽並虛心接受，然後在最短的時間內將其改善，等待下

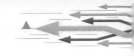

次客人來光顧時，會再次詢問客人是否覺得滿意？每一次，他的態度總是虛心又誠懇的……當然，也許有些人會覺得客人有時的抱怨存在不合理、不合適的情況，沒有必要照單全收。但餐廳的老闆卻認為，這是客人的好意，他們的建議，一定有原因，今天不聽以後就沒機會了。在餐廳的網站上，可以看到許多客戶的留言，雖然有個別客戶的投訴或抱怨，但餐廳的管理人員不會將其刪掉，相反會把客人的投訴或抱怨當成美麗的禮物，虛心接受並立即改善。

任何一家公司要生存、要發展、要樹立品牌，都必須急客戶所急，想客戶所想，緊緊圍繞客戶需求，提供客戶滿意的服務。感恩客戶，常懷感恩之心，不僅會使自己的內心時刻充滿熱情與快樂、自覺承擔責任、辦好客戶委託的事情，而且我們的工作熱情會感染周圍的人，我們的客戶也會因此而感動。

「感恩客戶」這一原則要展現在內心裡，客戶是最重要的，要從思想和規則角度考慮如何為客戶提供更好的服務，這樣，成功就離你不遠了。相反，如果不把客戶當上帝，降低「客戶的輩分」，傲慢自大，不懂得感恩，後果只能是一敗塗地，被市場和客戶拋棄。

客戶的支持是我們成就大業不可缺少的一股力量，可以說，有了他們，我們的工作和生活才有希望，未來才會更加精

第八章　感恩公司的給予

彩。我們的成功離不開客戶多年來的支援與厚愛。我們要感謝客戶對我們的信任,感謝客戶對我們的支援,感謝客戶對我們的抱怨,因為有了這些,我們才得以茁壯成長,才有今天的成績。讓我們衷心感謝那些為我們的生存和發展提供基礎的客戶吧!

第九章　提高工作效率

　　你是不是從早忙到晚，感覺自己一直被工作追著跑？但你的忙亂也許不是因為工作太多，而是因為沒有重點，目標不清楚，所以才讓工作變得越來越複雜，時間越來越不夠用。一天只有 1,440 分鐘，在資訊龐雜、速度加快的職場環境裡，我們必須提高工作效率，在越來越少的時間內，完成越來越多的事情。

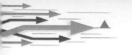

第九章　提高工作效率

不要浪費寶貴的時間

　　一個沒有時間意識的人是很難提升自己的工作效率的。培養良好的時間意識是學習時間管理的重點之一，因為時間管理即開發時間之術，而開發時間之術也就是將抽象的歷史時間「意識化」，藉此增加時間價值，達到實現自我的目的。

　　當然每個人的時間意識不盡相同，有些人的時間意識已內化成一種自覺狀態；有些人的時間意識則非常薄弱，可以說是未曾真正達到時間「意識化」。

　　在我們對時間進行了廣度、深度等層面的分析之後，就可以建立一個嶄新的、足以征服未來的現代時間觀。

　　其實，最好的人生，不是享受，不是白白浪費光陰，而是緊緊抓住時間，不斷提升自己。

　　時間是需要認知的。認知時間並非一件很容易的事情，而是需要我們投入很多心力去仔細思考，而時間意識就是在這種思考當中產生的。這種思考往往是一種自覺狀態。

　　最佳的時間意識是一種對於時間的整合能力，也是對於活用時間的掌握，不論是將時間分節、分段或界定時間在不同地方的不同價值等各方面，都能達到最正確的掌握，這就是最佳的時間意識。

　　為什麼有些人常有力不從心的感覺？為什麼有些人總是欲速而不達，適得其反？這都是因為他們在現實生活中面對時

間這個問題感到束手無策而造成的，最終他們變成了時間的奴隸，乖乖地被時間牽著鼻子走。既然我們想做「分身有術」之人，就必須努力成為時間的主人，去管理和控制它，讓它為我們服務。只有這樣，我們才能擺脫時間的束縛，讓自己得到更加幸福的生活和更好的發展。

時間就是金錢，只有重視時間、節約時間才能獲取人生的成功。

在富蘭克林（Benjamin Franklin）報社前面的商店裡，一個猶豫了將近一個小時的男人終於開口問店員：「這本書多少錢？」

「1 美元。」店員回答。

「1 美元？你能不能便宜點？」

「定價 1 美元，不二價。」

這位顧客又看了一會兒，然後問：「富蘭克林先生在嗎？」

「在，他在印刷室忙著呢。」店員回答。

「那好，我要見見他。」這位顧客堅持一定要見富蘭克林。於是，富蘭克林被店員找來了。這位顧客問：「富蘭克林先生，這本書你能出的最低價格是多少？」

「1 美元 25 美分。」富蘭克林不假思索地回答。

「1 美元 25 美分？你的店員剛才還說 1 美元一本呢！」

「這沒錯，」富蘭克林說，「但是，我情願賣給你 1 美元也不願意離開我的工作。」

這位顧客驚異了。他心想，算了，結束這場自己引起的談判吧，他說：「好，這樣，你說這本書最少要多少錢吧。」

「1 美元 50 美分。」

「又變成 1 美元 50 美分？你剛才不還說 1 美元 25 美分嗎？」

「對，你浪費了我的時間」富蘭克林冷冷地說，「我現在能出的最好價錢就是 1 美元 50 美分。」

這人默默地把錢放到櫃檯上，拿起書出去了。

富蘭克林給這位顧客上了終生難忘的一課：對於有志者，時間就是金錢。

一個每天能賺 10 個先令的人，躺在沙發上消磨半天，他只會認識到僅僅是在娛樂上花費了幾個先令而已。這是不對的！他還失去了自己本應得到的 5 個先令。錢能生錢，而且它的「子孫」還有更多的「子孫」。誰毀掉了 5 先令的錢，那就毀掉了它所能產生的一切，也就是說，毀掉了一座「英鎊之山」。所以，在這個世界上，誰能珍惜時間，並能做時間的主人，誰的事業就會蒸蒸日上。誰放棄了時間，也就等於放棄了自己的前途和財富。

　　貝爾在發明電話的時候，另外一個名叫格雷的人也在研究同一個課題。兩個人同時取得了突破，但是，就因為貝爾比格雷早申請了兩個小時，結果貝爾在專利局贏了。當然，他們兩個人當時並認識對方，也不知道對方同樣在研發電話，但是，貝爾就因為這 120 分鐘而一舉成名，譽滿天下，同時也獲得了巨大的財富。格雷呢？卻很少有人知道。

　　由此可見，一個人的效率越高，他的時間成本也就越低。在這個充滿競爭的社會中，節省時間就是節省金錢，浪費時間就是浪費金錢。不管是時間還是金錢，對我們來說都是浪費不起的。

今日事今日畢

　　從前，有一位年輕的畫家把自己的作品拿給大畫家亨利・馬諦斯（Henri Matisse）請教。馬蒂斯指出了幾處他不滿意的地方。

　　「謝謝您，」這位年輕的畫家說，「明天我就把這幾個地方全部修改了。」

　　馬蒂斯激動地問：「為什麼要明天？您想明天才改嗎？要是您今晚就死了呢？對於一個年輕人來說，做什麼事都得掌握眼前的每一分每一秒，容不得半點怠惰……」

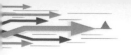

第九章 提高工作效率

　　可見，時間是不等人的，我們必須養成「今日事今日畢」的好習慣。有些人總是習慣把今天應該而且可以完成的事情推到明天去做，以至於「明日復明日，明日何其多？我生待明日，萬事成蹉跎。」殊不知，萬事等明天會使你養成懶惰、拖沓的惡習，最終落得虛度年華，閒白少年頭。

　　現在該做的事，現在就做。上午要做完的工作，上午一定完工。今天要完成的工作，今天一定完成。這是按計畫、分步驟達到成功的唯一做法，也是所有優秀員工共通的做事風格。

　　「今日事今日畢」，不僅可以加快你的做事速度，而且可以使你享受到完成任務的喜悅。

　　　傑克是某跨國集團公司的總裁。他總是忙得不可開交，想找點時間度假都非常困難，彷彿他的工作從來也沒有做完過。有一次，他參加了一次時間管理研討會，並取得了很大進展。他有了一個很好的心得：「如果你當天事當天畢，就不再需要加班工作了。」

　　　在以後的日子裡，傑克養成了「今日事當日畢」的好習慣。他現在不再加班工作了，每週工作 50 ～ 55 個小時的日子已經一去不復返，也不用把工作帶回家做了。按保守的說法，他每天完成與過去同樣的任務後還能節餘 1 個小時。

可見，遵守「今日事今日畢」的工作原則，能夠使你像傑克一樣擺脫以往糟糕透頂的生活。

「今日事今日畢」是一種相當好的工作態度。我們要想成為工作的主人，就必須有正確的工作態度。把今天當作生命中的最後一天，那麼今天的事情我們就要全力以赴地做完。如果沒有做完怎麼辦呢？不要下班，不要拖延到明天。每一天都要這樣告訴自己，同時也要這樣認真地去做。當你養成「今日事今日畢」的果斷決策能力並把它當作自己的行為準則時，你離成功就不遠了。

有效地利用每一分鐘

曾經有這樣一個耐人尋味的問題：假如現在給你一分鐘，你能在一分鐘內完成什麼？

一分鐘也許根本什麼都完不成，因為誰都知道，就算想清楚這個問題恐怕也不止一分鐘！

然而生活中就存在著靠短暫的一分鐘時間來工作的人。在美國，一個保險業務員自創了「一分鐘守則」：他只要求客戶給予他一分鐘的時間，介紹自己的工作服務項目；一分鐘一到，他就自動停止自己的話題，並向客戶表示感謝。他嚴格遵守「一分鐘守則」，充分珍惜時間，逼迫自己做到在一分鐘之內讓客戶對他的業務感興趣。就這樣，他大獲成功，業績總是位居

第九章　提高工作效率

公司榜首。

　　信守一分鐘的承諾，不僅保住了自己的尊嚴，同時還激發了別人的興趣，讓對方對這一分鐘產生好奇，並珍惜這一分鐘的真誠服務。

　　工作中，如果我們也能有效地利用每一分鐘，就一定能為自己贏得更多的機會。

　　有效地利用時間，不僅要利用好全部的正常工作時間，更要利用好瑣碎的時間。成功的人都是善於利用瑣碎時間的人，也許這些平時讓你忽略的瑣碎時間，累積起來卻會讓你大吃一驚。只要每天能夠多利用 10 分鐘，一個月就是差不多 5 個小時，而一年就是差不多 60 個小時！在這段時間內，你可以創造相當高的價值。

　　一位老闆為了提高開會的效率，買了一個鬧鐘，開會時用來計時，規定每個人發言只有 5 分鐘，這一措施使得開會效率大大提高，因為員工變得分外珍惜開會時間，掌握發言時間。

　　每一名成功縱橫職場的員工，都是善於尋找隱藏的瑣碎時間，並加以合理利用的人，就算開車停在十字路口等紅綠燈的那幾十秒的時間，也有人把它利用起來。

　　　　蘇琳是一家公司的業務經理。她善於利用一切瑣碎的空餘時間，即使在等紅綠燈或者塞車時，也會拿出客戶的資料看看，以加深印象。每天下班她都帶上一疊

信件，利用等紅綠燈的時間在車裡看信。她認為這段時間正是可以用來淘汰垃圾信件的好時候，所以她每次都在第二天到達辦公室時就已經進行了一番篩選，這樣一來，等她一進辦公室，就可以把垃圾信件處理掉了。

蘇琳每年很多時候都要出差，到各地奔波。她常常利用搭飛機或者火車的時間給客戶寫資訊。

蘇琳經常告訴她的下屬：「與客戶保持良好的關係，對我們來說非常重要。我們不能白白浪費這些瑣碎的時間，要時刻想著為客戶做點什麼。」

每一名優秀員工之所以能夠優秀，就是因為他們能夠有效地利用每一分鐘，珍惜每一分鐘。這就是時間的價值。這樣的員工是高效率的員工，也是老闆所器重的員工，他們遲早會成為縱橫職場的核心人物。

合理安排你的時間

法國思想家伏爾泰（François-Marie Arouet，又名 Voltaire）曾出過一個意味深長的謎語：「世界上哪樣東西最長又是最短的，最快又是最慢的，最能分割又是最廣大的，最容易被忽視又是最值得惋惜的？沒有它，什麼事情都做不成。它使一切渺小東西歸於消滅，使一切偉大的東西生命不絕。」它是什麼呢？它就是時間，就是最平凡而又最寶貴的時間。

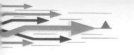

第九章　提高工作效率

　　對於每一個生命來說，世界送給他們最好的禮物就是時間。無論你是貧窮還是富有，在時間面前都是平等的。在一天的 24 小時中，每個人的收穫卻大有不同。人與人之間的最大區別就在於怎樣利用時間。善於管理時間的人，能用有限的時間做很多事，透過合理的安排能把一分鐘變成兩分鐘，把一小時變成兩小時，最終取得成功。而不懂得管理時間的人，就只能任光陰虛度，時間留給他們的只是一頭白髮，兩手空空。

　　要想成為一名優秀的員工，你首先要明白時間的珍貴，接下來就要培養自己高效的工作習慣，從而使你在工作中樹立良好的時間觀念，合理利用時間，堅決杜絕浪費時間的壞習慣。正如約翰・沃夫岡・馮・歌德（Johann Wolfgang von Goethe）所說：「我們都擁有足夠的時間，只是要好好善加利用。一個人如果不能有效利用有限的時間，就會被時間俘虜，成為時間的弱者。一旦在時間面前成為弱者，他將永遠是一個弱者。因為放棄時間的人，同樣也被時間放棄。」

　　要想實現時間的合理安排，就需要你做好自我管理工作。例如：制定詳細的工作計畫，認清工作中的輕重緩急。也就是說，時間管理的目標是掌握工作的重點，然後透過良好的計畫和授權來完成這些工作。

　　一天，有一位公司的經理去拜訪戴爾·卡內基（Dale Carnegie）。當進入卡內基的辦公室後，他望著卡內基那張乾淨整潔的辦公桌感到很是驚訝。他問卡內基：「卡內基先生，您沒處理的信件放到哪裡了呢？」

　　卡內基微笑著對他說：「我的信件都處理完了。」

　　「那您今天沒做的事情又安排誰去做了呢？」經理緊追著問。

　　「我所有的事情都已經做完了。」卡內基依然笑著回答。看到這位經理迷惑不解的樣子，卡內基解釋說：「原因很簡單。我知道需要我去處理的事情很多，但我的精力有限，一次只能處理一件事情，於是我就按照所要處理的事情的重要性，列一個順序表，然後就一件一件地按連續處理。結果，全做完了。」說到這裡，卡內基雙手一攤，聳了聳肩膀。

　　「噢，我明白了。謝謝您，卡內基先生。」這位經理若有所思地回答。

　　幾個星期以後，這位經理請卡內基參觀自己寬敞的辦公室。他對卡內基說：「卡內基先生，感謝您教給了我處理事務的方法。過去，在這寬大的辦公室裡，需要我處理的資料、信件堆得像小山一樣。一張桌子不夠，就用三張桌子。自從用了您的辦法以後，情況就好多了。您看，我現在幾乎再也沒有做不完的事情了。」

第九章　提高工作效率

在卡內基的啟發下，這位經理輕鬆地找到了高效率做事的辦法。幾年以後，他的公司規模越來越大，而他處理起公務來卻遊刃有餘，甚至還能經常抽出時間陪家人度假。

身為一名員工，你也應該學會根據事情的重要程度，制訂出一個順序表來。人的時間和精力是有限的，不制訂一個順序表，你會對突然而來的大量事務束手無策。如果你想有效地利用時間，可以把所要做的事情排一個順序：把那些有助於實現目標的重要的工作放在前面，例如：先初選出被認為是重要的文件，然後將其分為「應辦的」、「應閱的」和「應存檔的」三組，然後依次為之。養成這樣一個良好習慣，會使你每做完一件事，就向自己的目標靠近了一步。

為了更有效地利用時間，你還應該對手頭要做的事情進行分析，並對時間管理的效果進行定期性的評估。你要經常檢查某一短期目標是否如期完成。你可以記工作日誌，或將完成每件事所花的時間記錄下來，以便清楚地了解目標計畫的超前與落後，以及各種未曾預測到的可能性因素，以便重新調整或改進，使整個時間的安排貼近實際。

除了工作時間以外，還應合理安排休息的時間。休閒時間和工作時間一樣重要，都是組成人們生命和生活的一部分。學會休閒是社會進步的一種標誌，休閒的真諦是「自由、快樂、

意義」，是以「欣然之態，做心愛之事」。要懂得放鬆，安排好自己的休息時間，只有這樣才能把自己的身體狀況調整到最佳狀態。工作之餘，不妨多做一些戶外運動，定期和身邊的朋友或家人暢談交流。

法蘭西斯‧培根（Francis Bacon）說：「合理安排時間，就等於節約時間。」的確如此，成功與成就往往來自於科學地安排時間。一名員工是否優秀，往往就在於如何高效利用這有限的時間。只有懂得了如何管理和規劃時間，才能為你實現目標做準備，為你實現時間效率的最大化提供條件，保證你能夠使用有限的時間達到最理想的目標。

凡事豫則立，不豫則廢

《禮記》中說：「凡事豫則立，不豫則廢。」說的就是計畫的重要性，大到對組織、人生長遠規劃的企劃，小到工作、生活中的具體事情，無不需要進行企劃──「計畫先行」，此乃一切事情成功之基礎。

在工作中，如果預先沒有制定周詳的計畫，沒有想好自己將要走的每一步，即使有宏偉的目標也只能是望洋興嘆。沒有計畫而盲目地去做，我們那有限的時間和精力都會被所走的彎路消耗掉了，當好不容易回到正軌上來時，卻發現自己已經沒有力氣走下去了。所以，我們必須在每一次行動之前就定好計畫，盡可能

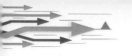

第九章　提高工作效率

做到在最短的時間內，花費最少的精力取得有效的成果。

有本雜誌上刊登過這樣一個故事：

有一個商人，在小鎮上做了十幾年的生意。開始時，他的生意還不錯，可是到了後來，他竟然失敗了。當一位債主前來向他要債的時候，這個可憐的商人正在思考他失敗的原因。

商人問債主：「我為什麼會失敗呢？難道是我對顧客不熱情、不客氣嗎？」

債主說：「也許事情並沒有你想像得那麼可怕，你不是還有許多資產嗎？你完全可以再從頭做起！」

「什麼？再從頭做起？」商人有些生氣。

「是的，你應該把你目前經營的情況列在一張資產負債表上，好好清算一下，然後再從頭做起。」債主好意勸道。

「你的意思是要我把所有的資產和負債專案詳細核算一下，列出一張表格嗎？是要把門面、地板、桌椅、櫥櫃、窗戶都重新洗刷、油漆一下，重新開張嗎？」商人有些納悶。

「是的，你現在最需要的就是按自己的計畫去做事。」債主堅定地說道。

「事實上，這些事情我早在 15 年前就想做了，但是一直沒有去做。也許你說的是對的。」商人喃喃自語道。

凡事豫則立，不豫則廢

> 後來，他真的按債主的主意去做了，晚年的時候，他的生意成功了！

可見，做事必須有計畫。沒有計畫、沒有條理的人，無論從事哪一行都不可能取得成績。因此，我們應該為自己的工作制定計畫，在這方面所花的時間是值得的；如果不計畫，你始終不會成為一個工作效率高的人。提高工作效率的中心問題是：你工作計畫得如何，而不是你工作得如何努力。

按照計畫有條不紊地工作，可以避免出現想起一件事就做一件事，想不起來就不做了的現象，所以除了一些臨時性的工作外，一般日常工作都應該有計畫地進行。要知道，花足夠的時間去思考和籌劃，制定一份明確具體的計畫，是提高效率的制勝法寶。正如美國行為科學家艾德・布利斯所說的：「用較多的時間為一次工做事前計畫，做這項工作所用的總時間就會減少。」

計畫是解決問題的方針和策略。只有行動方針確定了，才能採取行動。這種行動方針是經過思考的，而不是憑藉那種本能衝動想到的。做事之前有計畫是為了尋找合適的方案。本能衝動型的人總是只想到一種行動，只考慮解決表面的問題，對後續行動和影響卻不考慮。但如果我們仔細考慮對策後，就有可能既把問題解決，又避免了出現副作用。

制定完計畫再行動，就需要在發生問題時沉著鎮靜，不急於立即採取行動，而是靜下心來想一想。心急的人往往會不耐

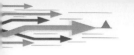

煩地催促趕快採取行動，因為他們總是擔心時間緊急，再不採取行動就來不及了，其實，越忙就越容易出差錯。如果事先沒有考慮好，行動時就容易出現差錯，這樣反而會耽誤時間。正所謂「事先充分做好準備」。先把刀磨快了，看起來耽誤了工夫，但是在砍的時候由於刀口鋒利，效率高，反而節省了時間。就像開車出門，如果我們事先把地圖看好了，順著標誌一路開去，就可以不繞彎路，節省時間；如果我們慌忙上路，看起來節省了看地圖的時間，但是一旦走錯了路，可能就會浪費比看地圖長很多倍的時間。因此，無論做什麼事情，事先都要有周密的計畫、明確的目標，這樣才能把事情辦好。

好的規劃是成功的開始。只有事前擬定好行動的計畫，梳理通暢做事的步驟，做起事來才會應付自如。凡事三思而後行，事前多想一步，事中少一點盲點。只有做好規劃，心中有藍圖，才能夠臨陣不亂，穩紮穩打地獲得成功。

時間管理的 80/20 法則

80/20 法則又稱帕雷托法則（Pareto principle），它是由義大利經濟學家和社會學家維爾弗雷多·帕雷托（Vilfredo Pareto）發現的。帕雷托曾提出：在英國，80% 的財富為 20% 的人所擁有，並且這種經濟趨勢存在普遍性。後來人們發現，在社會中有許多事情的發展，都邁向了這一軌道，即 80% 的價

值是來自 20% 的因數,其餘的 20% 的價值則來自 80% 的因數。最初,80/20 法則只限定於經濟學領域,後來這一法則也被推廣到社會生活的各個領域,且深為人們所認同。

當你把 80/20 法則應用到時間管理上時,就會發現:一個人大部分的重大成就,包括在專業、知識、藝術、文化或體能上所表現出的大多數價值,都是在他自己的一小段時間裡取得的。80/20 法則這時可以表述為:80% 的成就,是在 20% 的時間內取得的;反過來說,剩餘的 80% 時間,只創造了 20% 的價值。一生中 80% 的快樂,發生在 20% 的時間裡;也就是說,另外 80% 的時間,只有 20% 的快樂。

運用 80/20 法則,你可以很快地找到符合自己的時間管理方法。80/20 法則對於時間的分析與傳統看法不同,而受制於傳統看法的人,可從這個分析中得到解放。80/20 法則表明:我們目前對於時間的使用方式並不合理,所以也不必試圖在現行方法中尋找小小的改善。我們應該回到原點,推翻所有關於時間的假定。

80/20 法則運用到時間管理上,具體表述為:80% 的成績是在 20% 的時間內取得的;反過來說,80% 的時間只創造了 20% 的成績。它揭示了一個我們不願意接受的事實:我們所做的事情大部分是低價值的。我們所擁有的時間裡,一小部分時間比其餘的多數時間更有價值。它告訴我們那些能為我們帶來

第九章　提高工作效率

80% 收益的事情就是重要的事情；那些高投入低回報的事情就是不重要的事情。把最重要的事情放在最前面去做，那些不重要的事情少花時間去做。許多人用直覺即可明白這個道理，而有些忙碌的人並不知道學習管理時間，只是在瞎忙。我們必須改一改自己對待時間的態度。80/20 法則給我們進行時間管理提供了一種思考模式。

五年前，李明俊還是一個收入很低的銷售員，每天工作超過 14 個小時，年收入為 20 萬元。但現在，他每天只工作 4 小時，收入卻是以前的 10 倍。換算一下，他的時間報酬率竟然是以前的 5 倍！省下來的時間，他用來學習 MBA、打球、運動。

李明俊的時間複利是如何產生的？有一天，他工作到疲累不堪時，偶然讀到帕雷托的 80/20 法則：「20% 的義大利國民，創造全義大利 80% 的財富」，而不可思議的是，這法則適用於所有的事情。也就是說，「80% 的產出，其實只來自 20% 的投入，只要將時間專注在那 20% 上，你就可以多出 80% 的時間。」重點是，你必須找出那「關鍵的 20%」！

李明俊彷彿發現新大陸般的興奮，立刻攤出客戶與業績的關係圖。經過仔細研究，他發現，果然公司 80% 的業績，是由不到 20% 的客戶所帶來的；但其他 80% 的

> 客戶卻占據他過去大部分的時間。於是，他當機立斷，
> 把時間重新分配，不再主動理會那些可有可無的客戶，
> 專心「伺候」那20%的準客戶。接著，他將此法則運用
> 在資訊處理、客戶拜訪等各方面。於是，他從一名普通
> 的銷售員，晉升為銷售經理。

由此可見，將80/20法則運用在時間管理上時具有重要的
意義，能夠大大提高工作效率。以20%的付出取得80%的成
果，這是取得成功的一條捷徑。因此，在工作或生活中，你應
該把十分重要的項目挑選出來，專心致志地去完成，即把時間
用在更有意義的事情上。

依80/20法則的看法，如果我們在重要的20%的活動上多
付出一倍時間，便能做到一星期只需要工作兩天，收穫卻可比
現在多60%以上。這無疑是對於時間管理的一項革命。

總之，只要我們依循80/20法則，就能夠用較小的付出，
得到較多的回報，進而提高工作效率。

分清工作的輕重緩急

人們的時間和精力是有限的。沒有一個良好的時間管理方
法，人們面對突然湧來的大量事務，會變得手足無措。面對錯
綜複雜的事務，要想應付自如，得心應手，需要根據你的計畫
和目標，科學地管理好自己的時間。

第九章　提高工作效率

　　管理好自己的時間，提高工作效率的關鍵在於：分清輕重緩急，設定優先順序。那些在工作中能始終抓住重要事情的人，最容易取得成功，擁有快樂。

　　許多人在處理日常工作的時候，分不清事情的輕重緩急。這些人以為每個任務都是一樣的，只要時間被忙忙碌碌地打發掉，他們就從心底裡高興。他們只願意去做能使自己高興的事情，而不管這些事情是否重要、緊急。而很多重視工作效率的人在處理一年或一個月、一天的工作之前，總是按重要性來安排自己的時間，把重要的事情擺在第一位。

　　重視工作效率的人懂得，他們必須完成許多工作，而且每件工作都要達到一定的效果。因此，他們就會集中一切資源以及所有的時間和精力，堅持把重要的事情放在前面先做。要確保首先做最重要的事，就要養成把每天要做的工作按輕重緩急的順序排列出來的習慣。

　　林宗達是某商貿公司的銷售總監。公司的 200 名職員中有 140 人從事銷售工作。他經常忙得不可開交，總有做不完的工作，要想找個時間度假更是不可能。林宗達常有這樣一種感觸，就是整天都忙忙碌碌，累得精疲力竭。等到下班時，才發現自己所做的那些工作都是容易做的和無關緊要的，而那些棘手的但重要的工作往往拖了很長時間還是沒有完成。

後來，一次時間管理的培訓，使林宗達改變了利用時間的習慣做法並大大提高了工作效率。

林宗達所採用的方法就是制定每天的工作計畫。現在他根據各種事情的重要性來安排工作順序，首先完成最重要的，然後再去做較為次要的。這種做法的好處是使他更加明確各項工作的目標。過去林宗達從未寫出要做的事情並將它們排出順序，而現在林宗達將需要做的工作列出一個清單；把應該由別人辦的事情交代別人辦，自己集中精力處理那些必須親自做的事情。

過去，林宗達往往將那些重要的、棘手的工作挪到有空的時候再去做，結果大量次要的工作占用了他幾乎全部的工作時間。現在林宗達將次要的工作移到最後處理，即使沒有處理完他也不用太擔憂，因為那些事情無關緊要。現在林宗達對自己感到很滿意，他能夠按時下班而不會因為許多工作沒有做而感到不安。

做事情如果不能掌握關鍵所在，常常會出現我們付出大量的人力、物力和財力，結果卻效果甚微的情況。相反，如果能夠了解事情的關鍵所在，結果就會完全不同。確定事情的輕重緩急，然後堅持按重要性優先排序的原則做事，這樣你將會發現，再沒有其他辦法比按重要性做事更能有效利用時間了。

一家公司無論管理如何有序，有待完成的工作總是遠遠多

於用現有的資源所能做的事情，因此你必須分清輕重緩急，否則很可能一事無成。而你對公司的了解，以及做出的決策分析，恰恰也就反映在這些輕重緩急的決定之中。

前美國伯利恆（Bethlehem）鋼鐵公司總裁查爾斯‧施瓦布（Charles Robert Schwab），向效率專家艾維‧李（Ivy Ledbetter Lee）請教「如何更好地執行計畫」的方法。

艾維‧李聲稱可以在 10 分鐘內就給施瓦布一樣東西，這東西能把他公司的業績提高 50%，然後他遞給施瓦布一張空白紙，說：「請在這張紙上寫下你明天要做的 6 件最重要的事。」施瓦布用了 5 分鐘寫完。

艾維‧李接著說：「現在用數字標明每件事情對於你和你的公司的重要性次序。」

這又花了施瓦布 5 分鐘時間。

艾維‧李說：「好了，把這張紙放進口袋，明天早上第一件事是把紙條拿出來，做第一項最重要的。不要看其他的，只是第一項。著手辦第一件事，直至完成為止。然後用同樣的方法對待第二項、第三項……直到你下班為止。如果只做完第一件事，那不要緊，你總是在做最重要的事情。」

艾維‧李最後說：「每一天都要這樣做 —— 您剛才看見了，只用 10 分鐘時間 —— 你對這種方法的價值深

信不疑之後，叫你公司的人也這樣做。這個試驗你想做多久就做多久，然後給我寄支票來，你認為值多少就給我多少。」

一個月之後，施瓦布給艾維‧李寄去一張 2.5 萬美元的支票，還有一封信。信上說，那是他一生中最有價值的一課。

5 年之後，這個當年不為人知的小鋼鐵廠一躍而成為當時世界上最大的獨立鋼鐵廠。人們普遍認為，艾維‧李提出的方法功不可沒。

弄清事情的輕重緩急是有效利用時間最簡單也是最重要的方法，它不但能夠使你有限的時間得到充分的利用，還可以為你贏得更多的時間和精力。

在生活中，工作勤奮卻沒有取得成就的人比比皆是。這是因為他們在工作中常犯一個錯誤，那就是分不清主次輕重。他們常常是因小失大，雖然小事做得又多又好，但成效不大，因為那畢竟是些無關緊要的小事，而真正重要的大事卻常常被他們忽視，因為小事已經占用了他們大部分的時間和精力。為了讓時間利用率最大化，為了能在工作中得到更多的成功，你要試著比普通人多思考一些，學會先做重要的事。

第九章　提高工作效率

一分鐘也不要拖延

　　對於自己的工作，不能立即執行、按時完成，總是拖拉延誤，這是一種惡習。拖延是對時間的揮霍。任何憧憬、理想和計畫，都會在拖延中落空。

　　在工作的執行過程中，很多人都喜歡拖延，想著「反正還有時間，等一下再做」，「明天再說吧」，結果一拖再拖，最終不但耽誤了工作的進展，而且對自己的發展也極為不利，因為沒有任何一家公司會喜歡或重用一個對工作漫不經心、總是無法按時完成工作任務的人。

　　　　夏博宇是一位部門經理，每天一上班就一頭栽進工作堆裡，忙得焦頭爛額，寢食難安，整個人都快要崩潰了。於是，夏博宇去請教另一位部門經理。正好看見他正在接聽一個電話，聽得出來，和他通話的是他的一名下屬，而這位經理很快就給對方做出了工作指示。剛放下電話，他又迅速簽署了一份祕書送進來的資料。接著又是電話詢問，又是下屬請示，那位經理都馬上給予了答覆。

　　　　半個小時過去了，終於暫時沒人「打擾」了，這位部門經理於是轉過頭來問夏博宇有何貴幹。夏博宇站起身來說：「本來我是想請教您，身為一位公司的部門經理，您是如何處理好那麼多的工作的，但現在不用了，

您已經透過自己的行動給了我一個明確的答案。我明白自己的毛病出在哪裡了，您是當時就把經手的問題解決掉，而我卻無論遇到什麼事，都先放下來，等一下再說，結果您的辦公桌上空空如也，而我辦公桌上的資料卻堆積如山。」

　　一個人能否在自己的事業生涯中取得成功，祕訣就在於從現在開始，不要把事務堆到一起去集中處理，要行動起來，立刻去做手中的事務。同樣，如果一名員工想要獲得成功，就要下定決心改變拖延的惡習，不管做什麼事都要集中全部精力去完成，全力以赴地去做，即使是寫一封電子郵件也要如此。

　　在工作中，每個人都會產生惰性，事情不急時都喜歡往後拖一拖。但是，這種「以後再做」的想法，通常會使計畫落空，使你的生活變得一片混亂，自責、後悔、煩躁的情緒也會隨之而來，從而影響你在工作上的進步，還容易使你由於混亂而不能發揮應有的能力，自然也就無法得到老闆的認同，更不能得到職位的提升。假如你想贏得老闆的青睞，就必須改變拖延的惡習。

　　下面介紹幾個有效辦法，幫你對付工作拖拉的作風：

　　第一，有效地管理時間。

　　我們要找出什麼樣的日程工具是最適合我們自己的，並且為我們每天要做的事情設定清晰的優先度。我們應在頭腦中對

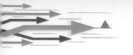

第九章　提高工作效率

上面的這些問題有一個認識，組織好自己每一天的工作，避免拖延，這樣每天結束的時候，我們就知道明天開始的是嶄新的旅程，而不是忙於解決那些我們今天不想做的事情！

第二，找到工作的動力後，立即行動起來。

我們往往因為做一件事情沒有動力而拖拖拉拉。也就是說，我們做這件事時付出的代價似乎高於做完之後得到的好處。應付這個問題的最佳辦法是從你的目標與理想的角度分析這個任務。如果你有個重大目標，就比較容易拿出干勁去完成有助於自己達到目標的任務。

第三，摸清自己一天中的最佳工作時間。

人在一天中的精力就像大海的潮水一樣，有高潮也有低潮。只是因每個人生理素養的不同，高潮和低潮的時間有很大差異。有的人早晨精力最充沛，有的人晚上能動性最高。我們要留心摸清自己的精力漲跌規律，把一天中最重要的事情放在最佳的工作時間裡辦，而把一些較簡單的事情放在其他時間處理。

第四，用好習慣取代拖沓的壞習慣。

許多人的拖沓已經成了習慣。對於這些人，要完成一項任務的一切理由都不足以使他們放棄這個消極的工作模式。如果你有這個毛病，就要重新訓練自己，用好習慣取代拖沓的壞習慣。每當你發現自己又有拖沓的傾向時，靜下心來想一想，確

定自己的行動方向，然後再給自己提一個問題：「我最快能在什麼時候完成這個任務？」定出一個最後期限，然後努力遵守。漸漸地，你的工作模式就會發生變化，工作做起來就會得心應手。

第九章　提高工作效率

第十章　公司的事沒小事

　　「小事」就是細節，關心細節是每一名員工的責任，也是每一個和公司利益相關的人必須做到的。所以，我們應在所執行的職責內認真做到公司無小事。

第十章　公司的事沒小事

天下大事，必作於細

　　在我們的日常生活中，經常會有這麼兩種人：一種是不想做小事的人，一種是做不好小事的人。大事做不好，小事不想做，是第一種人的寫照。他們認為自己有水準，有能力，對一般的事棄而不做，不加理會。第二種人願意做小事，但意識裡將小事做好的要求和標準下降，敷衍應付，事不經心。這兩種人到最後是一樣事都不能做好的。

　　在工作中，沒有任何一件事情，小到可以被拋棄；沒有任何一個細節，小到應該被忽略。同樣是做小事，不同的人會有不同的體會和成就。不屑於做小事的人做起事來十分消極，不過是在工作中混時間；而積極的人則會安心工作，把做小事作為鍛鍊自己、深入了解公司的情況、加強業務知識、熟悉工作內容的機會，利用小事去多方面體會，增強自己的判斷能力和思考能力。大事是由眾多的小事累積而成的，忽略了小事就難成大事。從小事開始，逐漸鍛鍊意志，增長智慧，日後才能做大事，而眼高手低者，是永遠做不成大事的。透過小事，可以折射出你的綜合素養，以及你區別於他人的特點。從做小事中見精神，得認可，「以小見大」，贏得人們的信任，你才能得到做大事的機會。

　　有太多的人，總是對小事不屑一顧，自信「天生我材必有用」，總期望做大事。殊不知，我們普通人在大量的時間中都

是在做一些小事，假如每個人都能把自己所在職位的每一件小事做好、做到位，就已經很不簡單了。

要做好每一件小事，首先要在觀念上對小事有個正確的認識，認識到大事是由若干小事構成的，世上無小事，對每一件小事，都要當成一件大事來做。只有認真、踏實、勤奮地做好每一件小事，才是我們做事的原則。

一個人只有在經過了「做小事」並「做好小事」的「煉獄」之後，才有可能到達「成大器」的「天堂」。一個人的成才是這樣，一個企業的成功也是這樣。為什麼想做大事的人很多，做成大事的人卻很少，正是因為不能正確處理「做小事」與「成大器」之間的關係。

湯姆是有「汽車王國」之稱的福特公司的一名職員。他 20 歲時進入該公司工作。剛進入公司時他從最基層打雜開始，哪裡可以打零工就到哪裡去。經過五年的磨練，他幾乎去過生產汽車的所有部門；經過五年在基層的虛心學習，他已經掌握了整個汽車的裝配過程。經過奮鬥，他開始嶄露頭角，很快就晉升為領班。在這麼大的公司中成為一名領班的確不容易。他成功的法寶就是從小事做起。

打雜是小事，但湯姆卻能在小事中學到許多平時無法學到的東西。他總是利用做每一件小事的機會去發現問題，總結經驗，從中培養了自己的處事經驗、技術經

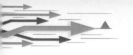

第十章　公司的事沒小事

> 驗，對公司的各部門有了一定的了解。雖然從事的是打雜的小事，但他從這些小事中成長起來了，已經遠遠超出了一名一般員工。小事為他以後成就大事奠定了扎實的基礎。

因此，對於企業員工來說，腦子裡要有兩個概念：第一，「做小事」不是你願意不願意的問題，而是成才過程中不可逾越的一個階段；第二，企業員工要在「做小事」並「做好小事」的過程中逐步培養「做大事」的能力。

而從企業的角度來說，也不大可能一開始就給每名員工一件「大事」去做。「做小事」是「成大器」不可逾越的階段。對每一個具體的工作而言，所謂「大事」可能並不多，更多的是一些具體的小事。養成將一件一件具體事情做好的習慣，正是「成大器」的開端。你現在所做的每一件小事都能成為將來所要成就的大事的一個分子的時候，大事與小事將得到統一，小事也就成了大事。如果連這些具體的小事情都做不好，所謂「成大器」就根本無從談起。

如果你能夠抱著一種積極的心態去對待「做小事」，透過深入實際、刻苦鑽研、尋找規律來不斷豐富自己，從而「做好小事」，也就有了一個良好的開端，成功就可能在不期然間叩響你的房門。還有一點，「做小事」容易出成績，更能展現你的才幹，更容易使你在一群人中脫穎而出。

美國標準石油公司曾經有一名小職員叫阿基勃特（John D. Archbold）。他在出差住旅館的時候，總是在自己簽名的下方，寫上「每桶 4 美元的標準石油」字樣，在書信及收據上也不例外，簽了名以後就一定寫上這幾個字。他因此被同事叫做「每桶 4 美元」，而他的真名倒沒有人叫了。

公司董事長約翰‧戴維森‧洛克斐勒（John Davison Rockefeller）知道這件事後說：「竟有職員如此努力宣揚公司的聲譽，我要見見他。」於是邀請阿基勃特共進晚餐。就這樣，阿基勃特得到了賞識。後來，洛克斐勒卸任，阿基勃特成了美國標準石油公司第二任董事長。

在簽名的時候署上「每桶 4 美元的標準石油」，這算不算小事？嚴格說來，這件小事還不在阿基勃特的工作範圍之內。但阿基勃特做了，並堅持把這件小事做到了極致。那些嘲笑他的人中，肯定有不少人才華、能力在他之上，可是最後，只有他成了董事長。

工作之中無小事，每一件小事都可以算是大事。身為一名員工，不要小看小事，不要討厭小事，只要有益於自己的工作和事業，不論什麼事情我們都應該全力以赴。用小事堆砌起來的事業大廈才是堅固的，用小事堆砌起來的工作才是真正落實了工作。

總之，工作中的每一件事都值得我們去做，包括那些非常細小的事，我們不但要做，而且應該用心去做。這才是優秀員工的表現。

做好小事是成功的基礎

工作中，我們要有這樣一種認知：根本不存在不值得做的事情，你接受的最小的一件事也同樣重要，也需要你全心全意把它做好 —— 即便它們很瑣碎，很微不足道！而很多員工對此不以為然，在工作中時常鬧脾氣。

一切從小事做起，是企業員工做好工作的第一步，也是員工調整好心態，積極主動去工作的第一步。

小事做起來是枯燥的，需要每一名員工都有持之以恆的信念和毅力。能力的高低在很大程度上展現在能否把事情做透、做好，即事情的細節反映出做事的水準。有句話說得好：「天下大事，必作於細。」如果以消極的心態對待小事，只把小事作為一個形式，敷衍了事，淺嘗輒止，則會連小事都做不了。

做小事是一種做事的方法，更是一種人生態度，不會做小事的人肯定也不會做大事。因此，每名員工都應該從現在做起，從本職做起，既胸懷大志，又遠離浮躁，在做小事中歷練自己，爭取早日成為企業的棟梁之才。

　　小楊是知名大學的畢業生，以優異的成績進入了一家省級機關。他一心只想鵬程萬里，不料上班後才發現，每日做的無非是些瑣碎的事務。這些事務既不需太多的智慧，也展現不出輝煌的業績，他的心便漸漸冷了下來。

　　一次公司開會，部門的同事們都在徹夜準備文件，分配給小楊的工作是裝訂和封套。處長再三叮囑：「一定要做好準備工作，別到時弄得措手不及。」他卻不以為然：國中生也會的事，還用得著這樣告訴大學生嗎？同事們忙忙碌碌，他卻只在旁邊看報紙。文件終於交到他手裡。他開始一件件裝訂，沒想到只訂了幾份，訂書針用完了。

　　小楊漫不經心地抽開訂書針的紙盒，腦中「轟」地一聲 —— 裡面是空的。翻箱倒櫃之後，他才發現，平時滿眼皆是的小東西，現在竟連一根都找不到。此時已是深夜 11 點半，文件必須在次日 8 點大會召開之前發到大家的手中。處長大怒道：「告訴你的話，你就是不聽。連這點小事也做不好，你這個大學生有什麼用啊！」小楊低下頭無言以對。

　　他沒有說話，徑直走了出去。凌晨 3 點時，他找到一家二十四小時營業的超商有賣訂書針終於趕在開會之前，將文件整齊漂亮地發到大家手中。事後，他來到處

第十章　公司的事沒小事

長辦公室等著挨罵，沒想到平時嚴厲得不近人情的處長，卻只說了一句：「請記住，最小的事也同樣是重要的事。」

　　小楊後來對朋友說，那是他一生受用不盡的一句話，讓他深刻地領悟到：用浮躁的心是做不成任何事的，最微小的過失都會造成全面的被動。

工作中有許多細微的小事，這往往也是被大家所忽略的地方，有心的員工不會看不起這些不起眼的小事的。俗話說：「大處著眼，小處著手。」學做些小事，在老闆看來，也許是填缺補漏，但時間長了，你考慮事情周到、能吃苦、工作扎實的作風就會深深地印在老闆心中。所以說，工作中的任何事情都值得我們全神貫注地去做。

　　身為一名企業的員工，馮先生從事的是企業裡最瑣碎的工作。儘管他的工作小而雜，但他始終保持認真做事的好習慣，重視每一項工作。

　　一天，上司讓馮先生替自己編一本給總經理前往歐洲要用資料。馮先生沒有隨意地編幾張紙了事，而是編成一本小巧的書，用電腦很清楚地列印出來，然後又仔細裝訂好。做好之後，上司便交給了總經理。後來，總經理知道了這件事情，讓馮先生代替了以前上司的職位。

不要輕視自己所做的每一項工作，即便是最普通的工作。每一件小事都值得你全力以赴，盡職盡責，認真地完成。要知道，每一件小事都可能成為你的機會，小事情裡往往蘊藏著大契機。

不因善小而不為

你身邊的任何一件小事都可能左右你的成功。即便是再簡單不過的工作，也要把它做到完美至極，這對於你來說是十分重要和必要的。請記住，別讓小事成為你事業成功的障礙。

其實，人生是由許許多多微不足道的小事組成的；每個人的工作，也都是由一件件的小事構成的……成功者與失敗者都做著同樣簡單的小事，最大的不同在於他們對待小事的態度。「窺一斑而見全豹」，在妥善處理點滴小事的過程中，你的能力及工作態度就會被老闆和同事認同，個人形象也會在潛移默化中形成。

不要將處理瑣碎的小事當做是一種負累，而要當做一種經驗的累積過程。須知，事業上的成功從來都不是一蹴而就的，而需要不斷地累積。對瑣事不屑一顧，處理問題時消極懈怠的人，鮮有成功者。「千里之堤，潰於蟻穴」，那些平時勤勤懇懇工作，並且卓有成效的人，往往因為一時的疏忽大意就與唾手可得的成功失之交臂，因為一次失誤使從前所做的種種努力都付之東流。因此，你要時刻警醒自己，千萬不要重蹈覆轍。

第十章　公司的事沒小事

　　小麗大學畢業後幸運地被一家證券公司錄用。她感到十分興奮，每天都在憧憬著自己美好的前途。然而，真正開始工作後她才發現，不知什麼原因，公司給新人安排的實際工作並不多，每天讓他們做的都是很多瑣碎的事情，比如發報紙、影印、傳真、文件整理等等。

　　與小麗一同來的新人們覺得自己的工作不應該只是做雜活，總做這些事會有什麼發展。而且，他們普遍都有種感覺：作為剛畢業的大學生，自己沒有得到應有的重視。於是，很多人都不免滿腹牢騷，便經常找藉口推脫。更甚者產生了退意，心裡每天都在盤算著尋找新的出路，工作起來更加心不在焉。

　　小麗的心裡也覺得有些委屈，在和男朋友談起這事時，已在職場打拚多年的男朋友笑了笑，說：「小事不願意做，怎麼能做大事呢？有一句話說得好：細微處方見真品性。更何況，公司很可能就是在考察新到的員工，看一看到底哪些人是真正踏實肯做的人呢！」

　　聽了男朋友的話，小麗的心裡豁然開朗。從那天起，她不再和大家一起發牢騷。見到別人不願意做的瑣事，她便接過來做，因此而變得忙碌了起來，有時甚至要加班。其他的新同事都笑她傻，有些還說她愛表現。不管別人怎麼說，小麗總是默默工作，從不多事。

　　小麗一點一滴的工作，公司主管都看在眼裡，於是

不因善小而不為

開始選擇一些專業的工作給她。公司的老員工也喜歡這個「傻女孩」，很樂意將工作心得傳授給她，還教她公司裡人際關係如何相處。漸漸地，小麗工作起來越來越順手，人際社交也掌握得越來越好。

　　過了兩個月，在討論新人任用的問題時，小麗被安排到了她最嚮往的職位，成功地踏出了職業生涯的第一步！

　　你在過去的工作中，是否也像小麗一樣，認認真真地去做好每一件小事呢？要知道，一個微小的細節也許就會改變你一生的命運。

　　只有善於做小事的人才能做成大事。在工作中，我們要甘於做一些小事。透過做這些小事，累積了經驗，增強了信心，日後才能做大事。

　　任何人踏上工作職位後，都需要經歷一個把所學知識與具體實踐相結合的過程，需要從一些簡單的工作開始這種實踐，並從實踐中不斷學習。所以，就算是一件不起眼的小事，你也要一絲不苟地扎扎實實做好，並從中不斷累積經驗。

　　小事成就大事，細節成就完美。有時，看似無關緊要的小事卻往往關係到一件大事的成敗，關係到個人的前途和命運。身為一名優秀的員工，你必須真正了解平凡中蘊藏的深刻內涵，關心那些以往認為無關緊要的平凡小事，並盡心盡力地認真做好它。因此，在工作中，我們要真正從小事做起，從細節

入手，把小事做好，把細節做得更周到細緻，注意在做事的細節中找到機會，這樣才能贏得老闆的賞識，從而使自己走向晉升之路。

注重細節，把工作做得更出色

或許，你還記得李奧納多‧達文西（Leonardo di ser Piero da Vinci）小時候畫蛋的故事吧。為了把一個蛋畫圓，達文西成百上千次地不停地畫圓圈。其實，任何工作都是這樣，要想做得最出色，最好的辦法就是對小事進行訓練，注重細節之處。

密斯‧范‧德羅（Ludwig Mies van der Rohe）是20世紀世界最偉大的建築師之一，在被要求用一句最簡練的話來描述自己成功的原因時，他只說了五個字：「魔鬼在細節」。他反覆強調的是，不管你的建築設計方案如何恢弘大氣，如果你對細節的掌握不完整，就不能稱之為一件好作品。有時，細節的準確、生動可以成就一件偉大的作品，細節的疏忽則會毀掉一個宏偉的規劃。

一名員工是否能夠成為一名好員工的關鍵，往往就在一些細小的事情上，並且正是由於這些細小的事情，決定了不同的人有不同的「高度」。所以，如果你想成為一名好員工，那麼就應該把做好工作當成義不容辭的責任，而不是負擔，要認真

對待、注重細節，不能有半點粗心及虛假；做工作的意義在於把事情做出色，而不是做五成、六成就可以了，應該以最高的標準來嚴格要求自己。

日本東京一家貿易公司有一位小姐專門負責為客商購買車票。她常給德國一家大公司的商務經理購買來往於東京之間的火車票。不久，這位經理發現一件趣事：每次去時，座位總在右視窗，返回東京時又總在左窗邊。經埋詢問那位小姐其中的緣故。小姐笑著答道：「車去時，富士山在您右褐；返回東京時，富士山已到了您的左邊。我想外國人都喜歡富士山的壯麗景色，所以我替您買了不同的車票。」就是這種不起眼的細節，使這位德國經理大為感動，促使他把對這家日本公司的貿易額由 400 萬馬克提高到 1,200 萬馬克。他認為，在這樣一件微不足道的小事上，這家公司的員工都能想得這麼周到，那麼，跟他們做生意還有什麼不放心的呢？確實如此，細節都注意到了，還有什麼大事做不好呢？

我們應該記住，工作中無小事，細微之處見精神，將處理瑣碎的小事當做一種經驗的累積，當做成就偉業的準備，正所謂「不積跬步，無以致千里。不積小流，無以成江海」。成功就是一個不斷累積的過程。對待工作，我們應始終保持高度的注意力和責任心，始終具有清醒的頭腦和敏銳的判斷力。我

第十章　公司的事沒小事

們不僅要對每一個變化、每一件小事迅速做出準確的反應和決斷，還要具備一種鍥而不捨的精神，一種堅持到底的信念，一種腳踏實地的務實態度。

工作之中無小事

有這樣一個故事：

> 西元 1485 年，英國國王查理三世（Richard III）與里奇蒙德伯爵（Duke of Richmond）亨利的軍隊準備決一死戰，此役決定著英國的前途和命運。
>
> 決戰當天早上，查理派一個馬夫去準備戰馬。馬夫讓鐵匠給國王的戰馬釘掌。鐵匠說：「我幾天前幫國王的軍隊全部釘了馬蹄，所有的馬蹄和釘子都用光了，我要重新打。」
>
> 馬夫不耐煩地說：「我等不及了，你有什麼就用什麼吧！」
>
> 於是鐵匠尋來四個舊馬蹄和一些舊釘子，把他們砸平打直後釘到了國王戰馬的馬蹄上。可是最後一個馬蹄只釘了兩枚釘子，連釘子都沒有了。馬夫等不及了，認為兩顆釘子應該能掛住馬蹄，就牽走了馬。
>
> 結果，在戰場上，查理的戰馬掉了一隻馬蹄，失足摔倒，查理被掀翻在地，被亨利的士兵活捉了。

　　這就是忽視小事而造成大的損失的典型事例。處理不好小事，往往會給我們帶來一些損失或是不愉快。

　　在工作中，大事情需要落實到位，小事情也要不折不扣地落實。因為，很多大事情，落實到具體的工作中，就是由無數件小事構成的。假如小事我們落實不到位，大事情也就無法完成。

　　速食鉅子麥當勞公司，就非常注重對員工「小事意識」的培養。當新員工進入麥當勞公司時，都會得到這樣的勸告：「工作中的每一件事都值得你們去做，包括那些細小的事，你們不但要做，而且要非常用心地去做。因為成功往往都是從點滴的小事開始的，甚至是很多細小入微的地方。」

　　麥當勞公司之所以如此強調工作中小事的重要性，是源於一名員工對一些細微小事的忽略造成了麥當勞公司的巨大損失。

　　在 1994 年第 15 屆世界盃足球賽上，麥當勞公司企圖抓住商機，一展身手。一位企劃人員向公司提出了自己的建議，而且得到了公司的認可。於是這名企劃人員便和其他同事緊鑼密鼓、加班地進行各方面的準備工作。

　　在開賽期間，麥當勞公司將自己精心製作的印有參賽的 24 個國家國旗的食品包裝袋派發給觀眾。原本以為這項創意必將受到各國球迷消費者的歡迎，但不幸的

是，在沙烏地阿拉伯的國旗上有一段《古蘭經》的經文，這受到了阿拉伯人的抗議。在阿拉伯人看來，使用後的包裝袋油汙不堪，往往被揉成一團，丟進垃圾桶。這被認為是對伊斯蘭教的不尊重，甚至是對《古蘭經》的玷汙。

於是，面對嚴厲的抗議，這次花費不菲的行動泡了湯，麥當勞公司只有收回所有的包裝袋，坐了一回冷板凳，當了一回世界盃的看客。負責企劃的人員也不得不引咎辭職。

麥當勞公司在這一事件中的失敗，正是由於忽略了小事、小節才釀成了大錯，蒙受了巨大損失，員工個人也因此喪失了個人發展的平臺和機遇。

可見，小事往往牽動大事，關係全面。在日常工作中，常常是因事「小」而被人忽視，掉以輕心；因其「細」，也常常使人感到繁瑣，不屑一顧。但就是這些小事和細節，往往是工作進展的關鍵和突破口，是關係成敗的雙面刃。

微軟公司的創始人比爾蓋茲也曾這樣告誡進入微軟的新員工：「剛畢業的你，不會一年賺 4 萬美元，也不會成為一個公司的副總裁，並擁有一部裝有電話的汽車，直到你將此職位和汽車都賺到手。從小事做起吧，年輕人，不要成為懷才不遇式的悲劇人物。」

「千里之行，始於足下」，任何一座宏偉的建築都是由一磚一瓦堆積而成的，同樣，工作的落實也是這樣一點一滴慢慢累積而實現的。

以小見大，以小帶大

我們每個人手中的工作，都像是我們親手製成的雕像，無論它是美麗還是醜陋，都是由我們一手造成的。因此，我們在工作中所做的每一件小事，老闆只要透過觀看「雕像」，就能做出評判。

所以，無論你是職場中的老手還是新人，也不論你所做的工作本身是否包含著諸多小事，你都應該投入熱情去把事情做好，這樣才會使自己得到成長，才會有加薪和晉升的機會。

其實，我們任何人所從事的工作，都是由一件件小事構成的。士兵每天所做的工作就是佇列訓練、戰術操練、巡邏、擦拭槍械等小事；飯店的服務員每天的工作就是對顧客微笑、回答顧客的提問、打掃房間、整理床單等小事；你每天所做的可能就是接聽電話、給上司倒倒茶、整理文件之類的小事。你是否對此感到厭倦、毫無意義而提不起精神？不管怎樣，你千萬要記住：這是你的工作，而工作中無小事。要想把每一件事做到完美，就必須付出你的熱情和努力。

小事是大事的組成部分，包含著大事的意義。做好小事是

完成大事的基礎和前提。因此對工作中的小事絕不能採取敷衍應付或輕視懈怠的態度。很多時候，一件看起來微不足道的小事，或者一個毫不起眼的變化，卻能實現工作中的一個突破，甚至改變商場上的勝負。所以，在工作中，對每一個變化、每一件小事我們都要全力以赴地做好。

滴水能穿石，鐵杵能磨成針。不要小看小事，不要討厭小事，只要有益於自己的工作和事業，無論什麼事情我們都應該盡心盡力地去做。用小事堆砌起來的事業大廈才是堅固的，用小事堆砌起來的工作才是真正有品質的工作。

樹立將小事做細的精神

道家學派創始人老子有句名言：「天下大事必作於細，天下難事必作於易。」意思是做大事必須從小事開始，天下的難事必定從容易的做起。

公司要想成就卓越，對於細節必須精益求精。微軟公司之所以會投入幾十億美元來改進開發每一個新版本，就是要確保每一個細節都不出現紕漏，不給競爭者以可乘之機。對於細節的注意，使得微軟的產品幾近完美，從而確定了其在競爭中的優勢地位。

> 迪士尼公司為遊客提供的優質服務，使他們在離開迪士尼樂園以後仍然可以感受得到。迪士尼的一項調查

發現，平均每天大約有 2 萬名遊人將車鑰匙反鎖在車裡。於是迪士尼公司雇傭了大量的巡邏員，專門在公園的停車場幫助那些將鑰匙鎖在車裡的遊客打開車門。這一切，無須打電話給鎖匠，無須等候，也不用付費。這一頗重細節的服務為迪士尼公司帶來了更多的遊客。

對於一名員工來說，注重細節其實就是一種工作態度。看不到細節，或者不把細節當回事的人，必然是對工作缺乏認真的態度、對事情敷衍了事的人。這種人無法把工作當做一種樂趣，而只是當做一種不得不受的苦役，因而在工作中缺乏熱情。他們只能永遠做別人分配給他們做的工作，甚至即便這樣也不能把事情做好。這樣的員工永遠不會在公司中找到自己的立足之地。而考慮到細節、注重細節的人，不僅認真對待工作，將小事做細，而且注重在做事的細節中找到機會，從而使自己走上成功之路。因此，優秀員工與平庸者之間的最大區別在於：前者注重細節，而後者則忽視細節。

日本歷史上的名將石田三成成名之前在觀音寺謀生。有一天，幕府將軍豐臣秀吉口渴到寺中求茶，石田熱情地接待了他。在倒茶時，石田奉上的第一杯茶是大碗的溫茶；第二杯是中碗稍熱的茶；當豐臣秀吉要第三杯時，他卻奉上一小碗熱茶。

豐臣秀吉不解其意，石田解釋說：「這第一杯大碗溫

第十章　公司的事沒小事

> 茶是為解渴的，所以溫度要適當，量也要大；第二杯用中
> 碗的熱茶，是因為喝了一大碗不會太渴了，稍待有品茗
> 之意，所以溫度要稍熱，量也要小些；第三杯，則不為解
> 渴，純粹是為了品茗，所以要奉上小碗的熱茶。」
>
> 　　豐臣被石田的體貼入微深深地打動，於是將其選在
> 自己幕下，使得石田成為一代名將。

　　人生就是由許許多多微不足道的小事構成的，智者善於以
小見大，從平淡無奇的瑣事中領悟出深刻的哲理。

> 　　有一個青年，在美國某石油公司工作。他的學歷不
> 高，也沒有什麼特別的技術。他在公司做的工作，連小
> 孩子都能勝任，就是巡視並確認石油罐蓋有沒有焊接好。
>
> 　　當石油罐在輸送帶上移動至旋轉臺上時，焊接劑便
> 自動滴下，沿著蓋子回轉一圈，作業就算結束。他每天
> 如此，反覆好幾百次地注視著這種作業。沒幾天，他便
> 開始對這項工作厭煩了。他很想改行，但又找不到其他
> 工作。他想，要使這項工作有所突破，就必須自己找些
> 事做。因此，他便集中精神注意觀察這項焊接工作。
>
> 　　他發現罐子每旋轉一次，焊接劑滴落 39 滴，焊接工
> 作便結束。他努力思考：在這一連串的工作中，有沒有什
> 麼可以改善的地方呢？

樹立將小事做細的精神

一次，他突然想到：如果能將焊接劑減少一兩滴，是不是能夠節省成本呢？於是，他經過一番研究，終於研發出「37 滴型」焊接機。但是，利用這種機器焊接出來的石油罐，偶爾會漏油，並不實用。他並不灰心，又研發出「38 滴型」焊接機。這次的發明非常完美，公司對他的評價很高。不久廠商便生產出這種機器，石油公司改用新的焊接方式。

雖然節省的只是一滴焊接劑，但這「一滴」積少成多，能替公司帶來每年 5 億美元的新利潤。這名青年，就是後來掌握全美煉油業 95% 實權的石油大王 —— 約翰 · D · 洛克斐勒。

「改良焊接機」改變了洛克斐勒的人生。他成功的關鍵就在於：普通人工作時往往會忽略的平凡小事，他卻特別注意。

每個人所做的工作，都是由一件件小事構成的，但不能因此而對工作中的小事敷衍應付或輕視懈怠。記住，工作之中無小事。所有的成功者，他們與我們都做著同樣簡單的小事，唯一的區別就是，他們從不認為自己所做的事是簡單的小事。所以說，小事成就大事，細節成就完美。

第十章 公司的事沒小事

第十一章　為公司創造業績

在現實工作中，業績是檢驗一切的標準，能帶來好業績的員工是公司最寶貴的財產。因為任何一個企業營運的主要目的都是獲得盈利，使企業的發展越來越大，這是企業存在的根本。

第十一章　為公司創造業績

不看學歷，看業績

　　一名能力卓越的員工懂得職場的「務實」之道，那就是用自己的本事，「真槍實彈」地做出實質性業績，只有這樣，才可能得到更多的薪水，自己的職場之路也會越走越寬。這不僅是員工的基本職業道德，也是企業對我們的要求。我們若是全面考察一下各種類型企業的組織結構，會發現一個相似的情況，那就是企業在員工職位編制方面，總是遵循「適用性原則」。所謂適用性原則，考量的就是員工的工作能力，這種工作能力不關乎學歷、不關乎你的社會背景，只看你能為企業創造多少效益。

　　文宇是一家合資企業的中方管理人員。他年紀輕輕就已經拿到了企業管理碩士的學位，並且兼修著一門在職課程。這家合資企業也正是因為文宇擁有高學歷，招聘時才給出了比一般管理人員高出一倍多的薪資。

　　但時間一長，無論是公司高層還是部門經理都慢慢發現，文宇只是在合作性事務、或是說參與性事務中發揮些作用，一旦讓他獨立進行一些創造性的工作，就顯得有些吃力。在平時的業務處理上，文宇的做法也顯得過於理想化和理論化，照本宣科的多，創新拓展的少。

　　到了月底，當他從財務部拿到用信封裝著的薪資，看到薪資條上寫著「32,000 元」時，感到非常意外。按

照他的演算法，自己的薪資至少不會低於 40,000 元。他感覺自己受到了「嘲弄」，受到了「欺騙」。

他徑直去了董事長辦公室，把薪資條放到辦公桌上，道出了自己的想法。聽完他的話，董事長把薪資單拿到手中說道：「公司的員工手冊寫得很清楚，有多大能力做多大的事、拿多高的薪資。公司把你招進來，就是看重你的學歷，其實，年輕人，你應該知道，文憑只是進入職場的入場券，但不是你的定盤星。按照你現在的能力和工作成績，只能拿到這樣的薪水。」

文宇的經歷告訴我們：一個「滿腹經綸」的人未必比一個「能力為上」的人更具有生存優勢，因為停留在學歷上的知識如果不能迅速轉化為創造力、開拓力等適合職場環境的工作能力，那麼所謂學歷也只不過是進入的門檻。正是由於這個原因，「花瓶式員工」只能停留在低薪職位上，每月領取基本薪資，高額的獎金和績效薪資與他們無緣。如果你不能快速轉變「學歷為上」的錯誤觀念，不在能力上下工夫，可能連基本薪資都拿不到。因為業績才是檢驗優劣的首要標準，才是證明能力的重要尺度。

威爾遜上大學的時候就在一家著名的 IT 公司做兼職，由於表現出色，大學畢業後被該公司錄用為正式員工，擔任技術支援工程師。

第十一章　為公司創造業績

　　初進這家公司，威爾遜只是技術支援中心的一名普通工程師，但他很感謝公司給了自己這次機會，非常想做好畢業後的第一份工作，唯一能夠表達他的感恩之心與珍惜之情的便是在工作中的良好表現。當時，經理考核他的依據是記錄在公司的報表系統上的「成績單」，但「成績單」月底才能看到。於是他想：從經理的角度來看，如果可以每天得到「成績單」的報表，豈不是可以更好地調配和督促員工？從員工的角度來看，豈不是會更快地得到促進和看到進步？同時，他還了解到現行的月報表系統有另外一個缺陷：當時另外一家分公司的技術支援中心只有三四十人，如果遇到新產品發布等情況，業務量突然增大，或一兩名員工請病假，很多工作就被會耽誤。

　　綜合考慮了各種因素之後，威爾遜覺得自己有必要設計一個具有更快反映能力的報表系統。他花了一個週末的時間編寫了一個具有他所期望的基礎功能的報表程式。一個月後，威爾遜的「業餘作品」——基於 web 內部網頁的報表開始投入使用，並取代了原來的 Excel 報表。由於在報表系統方面的出色工作，公司總裁看到了威爾遜的潛在能力，認為他可以從更高的管理角度思考問題。工作兩年後，年僅 24 歲的他就被提拔為公司歷史上最年輕的中階經理，後來他更因在技術支援部門出

> 色的工作表現而調任美國總部任高級財務分析師。一年後，總裁親自將一個重要的升遷機會給了威爾遜，讓他擔任公司在整個亞洲市場的技術支援總監。

在職場上，你的業績就是你的武器，只有不斷努力提升自己的價值，提升自己的業績，才能成為名副其實的優秀員工。相反，只有花架子而無真本領的人，是無法贏得他人的尊重與賞識的。任何看起來華麗但無實際用處的外在因素，都不能決定我們的內涵與價值，要證明自己的感恩之心與珍惜之情，唯有靠真本領來取得過人的業績。

老闆以業績論英雄

有這樣一個故事：

> 一位貴族即將出門到遠方去。臨行前，他把三個僕人召集起來，按各人的才幹，分別給他們不同金額的銀子。
>
> 後來，這位貴族回來了。他把三個僕人叫到身邊，了解他們經商的情況。
>
> 第一個僕人說：「主人，您交給我 5,000 兩銀子，我已用它賺了 5,000 兩。」
>
> 主人聽了很高興，讚賞地說：「善良的僕人，你既然在賺錢的事上對我很忠誠，又這樣有才能，我要把許多事派給你管理。」

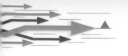

第十一章　為公司創造業績

第二個僕人接著說：「主人，您交給我的 2,000 兩銀子，我已用它賺了 1,000 兩。」

主人也很高興，讚賞這個僕人說：「我可以把一些事交給你管理。」

第三個僕人來到主人面前，打開包得整整齊齊的手帕說：「尊敬的主人，您的 1,000 兩銀子還在這裡。我把它埋在地裡。聽說您回來，我就把它挖掘出來了。」

主人的臉色沉了下來：「你這個懶惰的僕人，你浪費了我的錢！」

於是主人把這 1,000 兩銀子給了那個已經有 10,000 兩銀子的僕人。

案例中的第三個僕人認為自己會得到主人的讚賞，因為他沒有遺失主人給他的 1,000 兩銀子。在他看來，雖然沒有使金錢增值，但也沒有遺失，就算完成主人交代的任務了。但是他的主人卻並不這麼認為。他不想讓自己的僕人只會聽從命令，而是希望他們表現得更傑出一些。他想讓他們超越平凡，其中兩個做到了 —— 他們把賦予自己的東西增值了，只有那個愚蠢的僕人得過且過。

這個故事再明確不過地說明了使財富增值是每名員工的天職。假如你的老闆出於信任，撥一筆資金讓你經營一個專案，你首先不能使公司虧本，而且必須要讓自己創造出高於啟動資

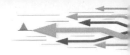

金幾十倍的財富來，如此才算盡到了自己的天職。反之，假如你沒有使投資增值，虧了本或者保持了原樣，就會跟故事中的第三個僕人一樣，是一個沒有盡職的、永遠不能做不平凡事的人。

有一位房地產銷售總監說：「所有企業的管理者和老闆只認一樣東西，就是業績。老闆給我高薪，憑什麼呢？最根本的就要看我所做的事情能在市場上產生多大的業績。」現在的時代就是以業績論英雄的時代。

> 劉剛毅大學畢業後，在一家企業做銷售。這家企業主要的產品是自行生產的遙控車零件。在當時的國內，除了這家企業，所有生產遙控車零件的企業都是從國外進口原材料和零件，然後自己組裝的。
>
> 劉剛毅在面試的時候就給企業的老闆留下了深刻的印象，所以，老闆給了他非常高的待遇，但是同時要求他要做到銷售第一。
>
> 這天，老闆把劉剛毅叫到辦公室，給了他一份客戶資料，並告訴他一定要在三天內把此單簽下來。公司先後已經有五名業務員找這家公司的總經理談業務，但都被他拒絕了。劉剛毅知道自己遇到難題了。
>
> 第二天，劉剛毅來到了這家公司，見到了總經理。「你好，我是 XX 公司……」還沒有等他說完，對方就不耐煩地擺擺手說道：「去、去、去！我現在非常忙！」表

第十一章　為公司創造業績

現得非常無禮。

　　劉剛毅非常生氣，心想，自己憑什麼受到這樣無禮的待遇？於是他轉頭就走。可是，就這樣一走了之他又感到有些不甘心，便停下腳步，轉過身，重新來到總經理的辦公桌前，對他說道：「請問經理，您的公司有沒有像我這樣的業務員呢？」

　　這位總經理看都沒有看劉剛毅一眼，說道：「你這樣的業務員都是不合格的業務員，我的公司當然沒有了，我的業務員都是非常厲害的。」

　　「那麼請問您為什麼不用我這樣的業務員呢？」此時劉剛毅的感覺就是一定要把這個大客戶的訂單拿到手，做銷售狀元，於是他繼續問道。

　　「因為你這樣的業務員是最無能的業務員，根本不能給我創造利潤，而且還要浪費我大量的時間和精力，我當然不會用了。」那位總經理回答著。

　　劉剛毅聽到這位總經理的話的時候，立刻有了銷售思路。他看著對自己不屑一顧的總經理，彷彿在自言自語道：「原來如此，如果我這樣回去了，就會被我的老闆開除，因為我的老闆會跟你一樣不喜歡我這樣沒有能力的業務員。」

　　劉剛毅的話果然有了作用，那位總經理開始抬頭看他。劉剛毅於是藉機對他說道：「為了證明我是一名優

秀的業務員，同時也是為了不被像您這樣的老闆把我開除，我們重新開始吧！」接下來，劉剛毅和這位總經理聊得非常開心。最後，這位總經理和劉剛毅簽訂了一筆大額訂單。

透過這件事，劉剛毅很快在公司裡得到了升遷。

如果你也想迅速在自己的公司得到升遷，那麼唯一的辦法就是提升業績，直到成為第一。

如今，職場競爭日益激烈，老闆首先要考慮的是公司的生存與發展，高帽戴著再舒服也比不上公司利潤的成長。所以，老闆心中最高分數的職員，一定是那些業績斐然的員工。

以追求業績為根本

業績是一個企業的生存之本。每一個企業都將注重業績作為自己企業文化的重要組成部分，而且把業績觀當做員工的重要素養。任何一個企業營運的最主要目的，都是獲得盈利，使企業的發展越來越快。這是企業存在的根本。

對於員工來說，你的工作業績最能證明你的工作能力，顯示你過人的魄力，展現你的個人價值。所以，要想成為受到公司歡迎的員工，就必須用自己的成績去證明自己的能力和價值，必須對企業的發展有貢獻，這樣你才會贏得上司的賞識，得到企業的重用。

第十一章　為公司創造業績

不管你在公司的地位如何，不管你的學歷如何，如果想在公司裡成長、發展、實現自己的目標，你就都需要用業績來做保障。只要你能創造出業績，就能得到老闆的器重，獲得晉升的機會。因為你創造的業績是公司發展的決定性條件。

在這個以業績為主要競爭力的時代，沒有能力改善公司的業績，或者不能出色地完成本職工作的員工，是沒有資格要求企業給予回饋的，因為這種人恰好是公司打算「去掉」的人。

> 潘明達所在的公關部職員數量超過了公司規定的部門編制，注定有一個人遲早要被裁掉，加上部門經理位置一直空缺，如此便導致了內部鬥爭日益升級，進而發展到有人挖空心思搶奪別人的客戶。潘明達不喜歡這樣的氛圍。他始終默默無聞，不願意做「出頭鳥」。儘管論學歷、論工作態度、論能力和口碑，他都不錯，但他的業績表現一直是最差的，所以老闆把他當做無能的人也是必然的。
>
> 人事部把提前一個月下達的辭退通知發給了潘明達。潘明達像當頭挨了一記悶棍一般，半天也沒回過神來。他實在有點不甘心，但是同時也想明白了：沒有業績表現能力，是自己最大的缺點。
>
> 潘明達決心奮力一搏。機會終於來了，一個和公司即將簽約的大客戶提出要到公司來看看。這個客戶是

一家大型合資企業，一旦和這個大客戶簽下長期供貨合約，全公司至少半年內衣食無憂。來參觀的人中有幾個是日本人，並且還是這次簽約的決策人物。這是公司沒有想到的。見面時，因雙方語言溝通困難，場面顯得有些尷尬。就在公司老闆頗感為難之際，潘明達掌握時機地用熟練的日語和日本客人交談起來，幫老闆救了場。潘明達陪同客人參觀，相談甚歡。他憑藉自己良好的表達能力和溝通能力，豐富的談判技巧和對業務的深入了解，終於順利地簽下了這筆大單。

潘明達適時地把自己的能力表現出來，讓老闆對他大加讚賞。他在老闆心目中的分量也悄悄發生了變化。一個月後，他不僅沒有被辭退，而且升為了部門經理。

假如你在職場中屢屢遭受失敗的打擊，總是拿不到高薪或不能謀取到好的職位，不妨靜心自省：我的業績是不是沒有達到最理想的狀態？假如答案是肯定的，那麼你就要努力把業績提升上去。因為，一個人的工作業績最能證明他的工作能力，顯示他的過人魄力，展現他的個人價值；而且，透過績效考評的方式，業績的高低往往直接決定了他職位和薪水的高低。沒有能力改善公司業績或不能出色地完成本職工作的人，不但沒有資格要求企業給予獎勵，還將因自己的業績平平而面臨被淘汰的危險。

第十一章　為公司創造業績

沒有苦勞，只有功勞

任何企業和老闆最看重的都是員工能給企業帶來實際的效益；他們在乎的不是過程，而是結果。

有家知名集團有個著名的理念，就是：「不重過程重結果，不重苦勞重功勞。」

當今企業中，當老闆交代的任務沒有成功地完成的時候，有許多員工就會產生「沒有功勞也有苦勞」的觀念，覺得老闆應該諒解自己的難處，應該考慮自己的努力因素。

工作中，我們常常也會聽到這樣一句話：「我沒有功勞也有苦勞。」特別是那些能力不夠，而且對待工作沒有盡力的員工，這句話常常被他們用來安慰自己，也常常成為他們抱怨的藉口。他們認為，一項工作，只要做了，不管有沒有結果，就應該算成績。

實際上，沒有功勞的所謂苦勞不但消耗了自己的時間，還浪費了公共資源！

在工作中，不要告訴別人你有多辛苦，你有多努力，而要說自己做成了什麼事。說得再簡單點：不僅要做事，更要做成事。只有做成事才是關鍵。

> 經過數十年的努力，張德華終於從一名普通的財務人員坐上了公司財務部門總監的位子，享受著優厚的

沒有苦勞，只有功勞

薪水和福利待遇。張德華是公司的老員工，論資歷在公司很少有人能與他相比，這也養成了他自以為是、目中無人的習慣。後來，隨著發展步伐的加快，公司陸陸續續地引進了一批新人，財務部也引進了一名財經大學的碩士畢業生。為了讓新員工盡快適應工作職位，公司要求老員工要盡量幫助新人。在新人到來之際，身為財務部的負責人，張德華口口聲聲說要多幫助這名新來的員工。但是，沒過多久，他就感到有一種壓力，因為這名新員工的工作能力特別強，除了懂行銷、財務、外語和電腦，還曾經獲得珠算大賽的大獎，可謂是才華出眾。而張德華除了資歷以外，幾乎沒有什麼可以與之相比的。

這讓張德華感到了一種前所未有的壓力。別說給予幫助了，自己有時還得向這名新員工請教一些問題。經過暗中觀察，張德華發現這名新員工年紀輕輕，性格柔弱內向。經過一番計畫，張德華對她制定了「全面遏制」政策：處處為她設置障礙，盡量不讓她接觸核心業務，甚至連電腦也不讓她碰，美其名曰：「專人專用」。

但是，這並沒有難倒這名新員工，只用一枝筆、一個算盤，她就把經手的帳目做得漂漂亮亮、無可挑剔。幾個月來，這名新員工都忍辱負重，工作上精益求精，一絲不苟，工作業績想抹殺都抹殺不了。

然而，張德華自己做的一些專案卻頻頻出錯。有一

第十一章　為公司創造業績

次，他做的一個重大專案的帳目被國稅局指責有問題，
面臨罰則。公司新老闆忍無可忍，給張德華施加壓力，
讓那名新職員參與全面的「糾錯」。不久，公司老闆又
毅然決定，由那名新職員擔任公司財務總監，張德華負
責內務，這讓他處在難堪的邊緣。

俗話說：「革命不分先後，功勞卻有大小。」企業要生存，
依靠的是能夠解決問題、完成工作任務的員工，而不是那些曾
經做出過一定貢獻，現在卻跟不上企業發展步伐，自以為是不
工作的老員工。在一個憑實力說話的年代，講究能者上庸者
下，任何一個老闆都不會願意拿錢去養一些無用的閒人。

這是一個憑成果說話的時代，在這個時代，以效率為先，
憑業績說話。員工不管多麼辛苦忙碌，假如缺乏效率，沒有業
績，那麼一切辛苦都是白費，一切付出均沒有價值。一切用成
功說話，只有成功，員工的付出才能得到回報。

「沒有苦勞，只有功勞」，展現的是一個企業追求效率，超
越自我的決心。憑業績和效益說話，才能在企業中形成良好的
工作和人文環境，才能使企業不斷前進，在市場競爭中站穩腳
跟並逐漸壯大。

不論個人還是企業，一切落實行動的目的都是為了得到某
種預期的實際結果。我們不能為了落實而落實，為了行動而行
動，如果是這樣，那麼，我們會白費很多功夫，也會陷入一種

278

有勞無獲、瞎忙碌的循環。所以說，落實行動絕不是僅僅停留在表面上的作秀，而是要始終強調切實出成效，取得可衡量的積極結果。

請記住，企業最迫切追求的是結果，也就是員工的勞動結果，而不是所謂的苦勞。你的努力過程是沒有價值的，只有努力的結果才有價值。簡而言之，功勞是價值，苦勞卻不是價值。

結果是一切工作的要務

在當今市場經濟條件下，結果永遠都是第一位的，所以，你要想拿高薪，就要在工作中認真盡責，以結果為導向，時刻檢查自己的工作結果，直到比預期做得還好。

任何工作都有一個預期的結果。如果以結果為導向，那麼無論完成的過程多麼艱難，最終成功的概率都會很大。

作為員工，在工作中一定要樹立「結果第一」、「結果是一切工作的要務」的工作理念，要想方設法去實現企業以及自己的目標，為企業創造效益；而不只是機械地完成工作任務，置工作成效於不顧。這樣你才能最終擁有相對的回報和事業上的發展。

> 珍妮、瑪麗、蘇姍是同一批進入某手機公司的員工。但是，在試用期過後，她們的薪水卻大不相同，珍妮是 45,000 元，瑪麗是 34,000 元，而蘇姍只有 25,000

元 —— 比在試用期時僅僅多了 1,500 元。

大衛是三個人的老闆，他的一位朋友知道這件事情後，感到非常好奇，便向大衛詢問其中的緣由。大衛說道：「在企業中，薪資始終是與員工工作的結果有關的。」見朋友還是不明白，大衛又說：「我現在讓她們三個人做相同的事情，你只要看她們的表現就會明白了。」

於是，大衛叫來了她們三個人，然後對她們說：「現在請你們去調查一下我們的競爭對手 A 公司新手機產品的價格、功能、品質以及目前在市場上的銷售情況，而且這些資料你們都要詳細地記錄下來，在最短的時間內給我最滿意的答覆。」

一個小時後，三個人同時回到了公司。

蘇姍先做了彙報：「那家公司有我的一個同學，他非常願意幫助我，明天給我結果。為了保證明天一定能拿到結果，我準備今天晚上請他吃飯。您放心，明天我一定可以給您答覆。」

接著，瑪麗將自己了解到的 A 公司新手機產品的功能、價格、品質以及目前市場上的銷售情況都給了大衛。

輪到珍妮的時候，她也報告了關於 A 公司新手機產品的功能、價格、品質以及目前在市場上的銷售情況，但不同的是，她同時還遞交了 A 公司在市場上同樣具有競爭力的其他型號的手機產品的相關詳細情況。

> 此時，大衛微笑著看向朋友說：「你看，她們三個人做同樣的工作，但有的人只是對工作的程序負責；有的人雖然完成了任務，卻缺乏多做出成果的主動性；而那些能拿到更高薪水的員工卻是對結果負責的人，她是在對自己工作的價值負責。正是由於她們對於工作結果的不同看待和對待，才造成了她們在薪資上的較大差異。」
>
> 這時，大衛的朋友似乎有所悟地點了點頭。

實際上，正是在這種「結果是一切工作的要務」的企業價值觀的引領下，其員工在工作中才能呈現出一種高績效的狀態，為公司創造了巨額的效益。

結果能夠保證企業的發展符合計畫的要求。員工做得好不好要看成果，是賞是罰也得看成果，而不看過程，總之是要以成敗論英雄。因為企業不是慈善機構。企業要生存，要發展，都離不開最後的結果。企業要在結果中得到利益，沒有最終的利益，一切都是白費。為了讓我們所在的企業有更好的發展，我們應該養成對工作結果負責任的習慣。

第十一章　為公司創造業績

企業只為創造利潤的人買單

　　對於任何一家公司來說，員工的重要程度都不是由員工的價值來決定，而是由員工所能創造的價值來決定的。

　　公司之所以支付薪水給你，那是因為看中了你能為其創造利潤。只有當你將才華用來為公司創造效益的時候，才能得到公司的重視和獎勵。

> 　　陳先生的公司最近由於要加大市場開拓的力度，新招聘了 8 名業務員。他每天看到他們早早出門，下班按時回來，在公司也很努力地給客戶打電話，好像頗為勤奮，但是奇怪的是他們一直都沒做出什麼業績。
>
> 　　陳先生找他們談過多次，也一直沒成效。他知道這樣下去對公司發展不利，但又覺得他們在公司的幾個月的工作的確很努力。因此，這幾名業務員對他來說就像雞肋，食之無味，棄之不捨。
>
> 　　最後，陳先生還是把那幾名業務員辭退了。他說：「我不是慈善家，我的公司也不是慈善機構。他們不能為公司帶來價值和利潤，我也再不能去為他們提供價值的實現了，只能請他們離開！」

　　「老闆不是慈善家」這是一個很現實的問題，任何企業的存在與發展都要以盈利為前提。所謂「在商言商」，如果生意

不能做大，甚至公司要面臨破產，老闆還拿什麼來雇傭員工、給員工提供發展的平臺和空間呢？

很多在職場中的人都覺得自己應該拿更多的薪資，卻很少想自己的能力是否與之相適應。大多數公司的老闆都希望擁有能給企業帶來更多利潤的優秀員工。如果你能夠把自己的工作做得富有成效，為公司創造比你自身價值更大的價值，那麼總有一天，你的老闆會重視你，提拔你，給你相對的豐厚回報。

可是在現實的工作中，有很多員工只是很賣命地在為老闆工作，但是其實他們做的事情沒有給公司帶來任何經濟價值，最後的結果是被公司「炒魷魚」。

有一位經濟學博士在學術界非常有名，曾經被很多大公司爭相聘請，聘請他時每家公司都給他開出很高的待遇。可奇怪的是，這位博士在哪家公司工作的時間都不長，總是沒做幾個月就被辭退了。

這位經濟學博士感到很苦惱，於是就找到他的老師問：「張老師，為什麼我到哪家公司都做不長呢？我可是一個對工作很認真的人啊。」

張老師幫他分析了原因，終於發現了其癥結所在：別人爭相聘請他是因為看中了他的學問。可真等到了工作中才發現，他的學問只是書本上的，在實際工作中根本就沒有什麼用處。

第十一章　為公司創造業績

　　而他呢，也經常死抱著自己的一套理論不肯鬆手，用那一套紙上談兵的方法去工作。當看到他遲遲不能為公司帶來經濟效益的時候，等待他的也只能是被公司辭退的命運。

　　聽完張老師的分析，這位博士沉思了良久，才感慨地說：「我一直以為自己是個博士，便覺得比別人都強。」

　　每一名員工都必須明白：公司的老闆不是慈善家，也做不了慈善家。他只會為你創造的價值買單。或許你學歷很高，或許你才高八斗，但如果你只有 10% 的學識對公司有用，那公司就只會對這 10% 買單，而剩下的 90% 就是你自己的事。虧本的買賣誰也不會做，換了你是公司的老闆，同樣也不會為那沒有用的價值買單。換句話說，只有你為公司創造了財富，公司才會給你相對的財富。

　　某老闆在一次電視訪談節目中很沉重地講述了公司剛剛成立時的故事。那時候，公司只有幾十萬元的資產，而且還由於過於輕信別人被騙走了一大半。

　　騙他們的人是某個部門的幹部，那筆錢已經沒有了追回的希望。所以當時的公司很窮，隨時都有可能倒閉。公司的員工都是很有熱情和幹勁的，但是當時公司就那麼一點點資金，如果只有賣命和辛苦而沒有利潤，那公司仍然無法生存，更談不上發展，所有的員工都只

能另謀出路。

　　對於那些工作很努力、但是沒有做出業績的員工，老闆雖然心裡也很不捨，但最後還是只能請他們離開，因為他不是慈善家，他的公司也不是慈善機構。公司不能發展，員工最終也還是都要離開的。

　　這看似很殘酷，卻是一個不爭的事實。企業作為一個經濟實體是以盈利為第一目的的，為了獲取更多的利潤，企業老闆自然會解僱那些缺乏業績的員工，然後吸收一批能做出業績的新員工進來。只有這樣，企業才能生存、發展。所以，那些不能創造效益的人將永遠被阻擋在就業大門之外，而努力工作並能創造效益的人才會被公司長期留用並給予高薪。

一切用業績說話

　　企業需要的是能創造出業績的「能力型員工」，獲取高利潤是企業一切行為的出發點和落腳點。市場的壓力和競爭的加劇，讓現在的企業已經走出了「唯學歷是舉」的錯誤用人觀念，而是將視線鎖定在員工適應職位、做出業績的能力上。這種能力決定企業的生存和員工的發展。所謂發展，對於員工而言，其實就是這樣兩條：薪水的增加和職位的提升。

第十一章　為公司創造業績

　　林銘峰是一家汽車修理廠的技工。雖然他只有高職學歷，但他的技術非常全面，平時馬路上跑的車幾乎沒有他不會修的。

　　一次，一個老闆模樣的人開著一輛黑色保時捷來到修理廠，說自己這輛車已經大修過三次了，花了近2,7000塊錢，但引擎出現怪聲的毛病始終沒有解決，他的朋友笑話他開的是一輛「患哮喘病的公牛」。

　　林銘峰先查看了一下車況，然後發動引擎，打開前蓋。就在修理廠經理和顧客說話的工夫，他已經把蓋子放下，拍著手對他們說道：「好了！」

　　顧客不敢相信自己的耳朵，但引擎的雜音的確是沒了。他感慨地說，為了這事，他不知跑了多少冤枉路，花了多少冤枉時間。這下好了，心中的石頭終於落地了。過了一段時間，經常有開著各種高檔車的人來這家修理廠修車，一問才知道，原來他們都是那個保時捷車主介紹來的。

　　由於林銘峰出色的工作表現，經理不僅幫他加薪，還準備升遷他做維修部主管。

　　林銘峰的經歷充分說明，在競爭激烈的市場環境下，一個人能否在企業立足，靠的就是他的卓越能力，只有具備卓越能力的員工才能為企業創造出業績，有了業績你才能獲得高薪水。無論什麼時候，能力都是你安

身立命的「法寶」，是你在競爭激烈的職場中脫穎而出的核心技能。

　　這個社會是靠本事吃飯、憑能力說話的，能力平庸者，與高薪無緣。

　　力氣沒少花，腦筋沒少動，但薪水沒見漲 —— 因為沒有效果，沒有業績。「兩手空空」的員工還能拿什麼要求企業增加薪水呢？提高自己的薪資待遇，增加自己的獎金福利，是每名員工都渴望的事情，但是光「渴望」是不可能實現這一目標的，只有當你創造出業績以後，「美夢」才能成真。

　　試想，一個不能為企業帶來效益的人，企業憑什麼給你加薪？一位地板企業的老闆說得更為透徹：「你不為老闆創造價值，老闆拿什麼給你作為報酬？多勞多得，少勞多失，永遠是這個社會的真理。」所以，只有業績才能給你的薪水增加籌碼，企業要的是利潤，老闆看的是結果，而不是你做了多少事。由此可見，沒有做出業績的員工，是沒有資格要求企業給自己提高薪水、提高待遇的；只有為企業做出業績的員工，才能成為高薪的擁有者。

　　在 IBM，每一名員工薪資的漲幅，都以一個關鍵的參考指標為依據，這個指標就是個人業績計畫。IBM 的員工都有個人業績計畫。計畫的制訂是一個互動的過程，員工和直屬經理坐下來共同商討這個計畫怎麼做更切合實際，幾經修改，最終達

第十一章　為公司創造業績

成一致。當員工在計畫書上簽下自己的名字時，其實已經和公司立下了「軍令狀」。上司非常清楚員工的工作及重點，員工自己對此也非常明白，所要做的就是付諸實際，業績完成得越多，員工的薪水也就越高。優秀的員工之所以優秀，在於他們一心為企業做「好」事、做「成」事，只有結果完美才能創造業績，只有業績突出，才能獲得高薪。

> 阿進是一名退伍軍人，幾年前經朋友介紹來到一家服裝企業做管道拓展專員。這個職位是阿進從來沒有接觸過的，但他並沒有就此退縮，而是利用所有的業餘時間學習業務知識，積極向老員工請教。
>
> 阿進很快就掌握了做事的方法和技巧，開始獨自與客戶洽談，進步顯著。在進公司後的第三個月，他和客戶簽訂了一份合約，這是他的第一份業績。由此，他當月的薪資比前兩個月的總和都要高。
>
> 進入公司的第三個年頭，阿進已經成了公司最為倚重的行銷主管，整個公司近一半的業績都是由他和他的團隊創造的。公司員工沒有一個人嫉妒阿進的高薪，因為他們知道，阿進所獲得的高薪都是靠他做出的一個又一個業績得來的。

聽完阿進的故事，每個月只拿底薪的人還有什麼困擾嗎？還在抱怨企業沒有發現你的價值嗎？改掉這些毛病，扎扎實實

地做出業績來。要明白,要想讓公司回報你,你必須首先向企業提供業績,多為公司創造價值。

第十一章　為公司創造業績

第十二章　解決工作中的難題

在工作中，我們總會遇到不少困難，看起來好像沒有什麼解決的辦法，其實只要積極地運用思維，一切都將變得皆有可能。那些善於主動地尋找方法、為公司解決難題的員工，往往最容易獲得成功。

第十二章 解決工作中的難題

只為成功找方法，不為失敗找藉口

找藉口是一種不好的習慣，一旦養成了這種壞習慣，你的工作就會拖沓、沒有效率。即便明白這個道理，人們還是常常喜歡為自己的失敗尋找藉口，不是抱怨職位、待遇、工作環境，就是抱怨同事、上司或老闆，而很少能夠清醒地問問自己：「我努力工作了嗎？我真的對工作負責了嗎？」尋找藉口唯一的好處，就是把屬於自己的過失掩飾掉，把應該自己承擔的責任轉嫁給社會或他人。這樣的人，在企業中不會成為稱職的員工，也不是企業可以期待和信任的員工。我們應該知道，抱怨的越多，失去的也就越多，藉口只會讓人一事無成。

休斯・查姆斯在擔任國家收銀機公司銷售經理期間曾面臨著一種極為尷尬的情況：該公司的財政發生了困難。這件事被負責推銷的銷售人員知道了，並因此導致這些銷售人員失去了工作的熱忱，銷售量開始下跌。到後來，情況更為嚴重，銷售部門不得不召集全體銷售員開一次大會，全美各地的銷售員皆被召去參加這次由查姆斯先生主持的會議。

首先，他請手下業績最佳的幾名銷售員站起來，要他們說明銷售量為何會下跌。這些被點到名字的銷售員一一站起來以後，說出了一些共同的理由：商業不景氣、資金缺少、人們都希望等到總統大選揭曉後再買東西等等。

　　當第五名銷售員開始為他無法完成銷售額找出種種藉口時，查姆斯先生突然跳到一張桌子上，高舉雙手，要求大家肅靜。然後，他說道：「停止，我命令大會暫停 10 分鐘，讓我把我的皮鞋擦亮。」然後，他命令坐在附近的一名黑人小工友把他的擦鞋工具箱拿來，並要求這名工友把他的皮鞋擦亮，而他就站在桌子上不動。在場的銷售員都驚呆了。他們有些人以為查姆斯先生發瘋了，開始竊竊私語。就在這時，那名黑人小工友先擦亮他的第一隻鞋子，然後又擦另一隻鞋子。他不慌不忙地擦著，表現出一流的擦鞋技巧。

　　皮鞋擦亮之後，查姆斯先生給了小工友一毛錢，然後開始發表他的演說。他說：「我希望你們每個人都好好看看這名小工友。他擁有在我們整個工廠及辦公室內擦鞋的特權。他的前任是一個白人小男孩，年紀比他小得多。儘管公司每週補貼他 5 美元的薪水，而且工廠裡有數千名員工，但他仍然無法從這個公司賺取足以維持自己生活的費用。可是現在這個黑人小男孩不僅可以賺到相當不錯的收入，既不需要公司補貼薪水，每週還可以存下一點錢來，而他和他的前任的工作環境完全相同，在同一家工廠內，工作的對象也完全相同。現在我問你們一個問題，那個白人小男孩沒有得到更多的生意，是誰的錯？是他的錯，還是顧客的錯？」

　　那些推銷員不約而同地大聲說：「當然了，是那個白人小男孩的錯。」

　　「正是如此。」查姆斯回答說，「現在我要告訴你們，你們現在推銷收銀機和一年前的情況完全相同：同樣的地區、同樣的對象以及同樣的商業條件。但是，你們的銷售成績卻比不上一年前。這是誰的錯？是你們的錯，還是顧客的錯？」

　　下面同樣又傳來如雷般的回答：「當然，是我們的錯。」

　　「我很高興，你們能坦率地承認自己的錯誤。」查姆斯繼續說，「我現在要告訴你們，你們的錯誤在於，你們聽到了有關本公司財務發生困難的謠言，這影響了你們的工作熱忱，因此，你們不像以前那般努力了。只要你們回到自己的銷售地區，並保證在以後 30 天內，每人賣出 5 臺收銀機，那麼，本公司就不會再發生什麼財務危機了。你們願意這樣做嗎？」

　　大家都說「願意」。後來，這些銷售人員果然辦到了。那些他們曾強調的種種藉口：商業不景氣，資金缺少，人們都希望等到總統大選揭曉以後再買東西等等，彷彿根本不存在似的，統統消失了。

　　任何藉口都是為了推卸責任。在責任和藉口之間，選擇責任還是選擇藉口，展現了一個人的工作態度。有了問題，特別

只為成功找方法，不為失敗找藉口

是難以解決的問題，可能讓你懊惱萬分。這時候，有一個基本原則可用，而且永遠適用。這個原則非常簡單，就是永遠不放棄，永遠不為自己找藉口。

任何問題都有解決的方法，方法總比問題多，關鍵是我們對待問題的態度。當遇到問題時，平庸者不是主動去找方法解決，而是找藉口迴避問題；而優秀者則是把問題當做機遇，積極地尋找解決問題的方法，將問題變為成功的機會。

> 蔡志銘是一家公司的業務員。公司的產品不錯，銷路也不錯，但產品銷出去後，總是無法及時收回貨款。如何催帳便成了公司最大的問題。
>
> 有一位客戶，買了公司 10 萬元產品，但總是以各種理由遲遲不肯付款，公司派了幾批人去催帳，都沒有拿到貨款。當時蔡志銘剛到公司上班不久，就和另外一名員工一起被派去催帳。他們軟硬兼施，想盡了辦法。最後，客戶終於同意給錢，叫他們過兩天來拿。
>
> 兩天後，他們趕去，從對方手中拿到了一張 10 萬元的現金支票。
>
> 他們高高興興地拿著支票到銀行取錢，結果卻被告知，帳戶只有 99,820 元。很明顯，對方又耍了個花招，他們給的是一張無法兌現的支票。第二天公司就要放假了，如果不及時拿到錢，不知又要拖延多久。

第十二章　解決工作中的難題

　　遇到這種情況，一般人可能一籌莫展了。但是蔡志銘突然靈機一動，於是拿出 200 元，讓一起去的同事存到客戶公司的帳戶裡去。這一來，帳戶裡就有了 10 萬元。他立即將支票兌了現。

　　當他帶著這 10 萬元回到公司時，董事長對他大加讚賞。之後，公司不斷發展，5 年之後他當上了公司的副總經理，後來又當上了總經理。

　　蔡志銘能有這樣的發展，與他凡事能夠主動想辦法的精神密切相關。工作中，沒有一成不變的工作任務，處置不同的情況，需要我們因時因地制宜，做出不同的決策。做事時，需要一種求實的態度和科學的精神，在任何情況下都要按科學規律做事，自覺地用理智戰勝衝動，用智取代替蠻幹。這才是成功的捷徑。

　　尋找解決問題的方法是不容易的，但是只要我們用心去思考，方法總是有的。工作中的難題也是一樣，我們在工作中也要堅持這樣的原則，方法總比問題多，有問題就必定有解決的方法。

世上沒有解決不了的問題

任何問題都有解決的方法，方法和問題是一對孿生兄弟，世上沒有解決不了的問題，只有不會解決問題的人。對於職場人士來說，當遇到問題和困難時，能否主動去找方法解決，而不是找藉口逃避責任，這一點，對於人們在職場中能否成功和發展具有決定性作用。

西元 1793 年，守衛土倫城的法國軍隊叛亂。叛軍在英國軍隊的援助下，將土倫城護衛得像銅牆鐵壁。土倫城四面環水，且有三面是深水區。英國軍艦就在水面上巡弋著，只要前來攻城的法軍一靠近，就猛烈開火。面對這樣的防禦，裝備遠遠不如英國軍艦的法軍的軍艦根本無計可施。因為遲遲攻不下土倫城，前來平息這次叛亂的法國軍隊指揮官急得團團轉。

當時 24 歲的拿破崙・波拿巴（Napoleon Bonaparte）在平息叛亂的隊伍中任炮兵上尉。他靈機一動，當即用筆寫下一張紙條，交給指揮官。紙條上寫道：「將軍閣下：請急調 100 艘巨型木艦，裝上陸戰用的火炮代替艦炮，攔腰轟擊英國軍艦，以劣勝優！」

指揮官一看，連連稱妙，趕快照辦。

果然，這種「新式武器」一調來，英國艦艇無法阻擋。僅僅兩天時間，原來把土倫城護衛得嚴嚴實實的英

第十二章　解決工作中的難題

> 軍艦艇被轟得七零八落，不得不狼狼逃走。叛軍見狀，很快也繳械投降。
>
> 　這一事件過後，拿破崙被提升為炮兵准將。

可以說拿破崙的成功，就在於他遇到問題時，主動去想辦法，抓住解決問題的關鍵，最終登上了人生的巔峰！

只有想辦法去解決工作中遇到的各種難題，你才會有更大的舞臺，才能吸引更多的人向自己看齊，才有更多的資源向自己彙集，才能邁向更大的成功。

> 　吉諾・鮑洛奇被譽為美國的推銷奇才。一次，一家儲藏水果的冷凍廠起火，等到人們把大火撲滅，才發現有18箱香蕉被火烤得有點發黃，皮上還布滿了小黑點。水果店老闆便把香蕉交到鮑洛奇的手中，讓他降價出售。那時，鮑洛奇的水果攤設在杜魯斯城最繁榮的街道上。
>
> 　一開始，無論鮑洛奇怎樣解釋都沒人理會這些「醜陋的傢伙」。無奈之下，鮑洛奇認真仔細地檢查那些變色香蕉，發現它們不但一點沒有變質，而且由於煙燻火烤，吃起來反而別有風味。
>
> 　第二天，鮑洛奇一大早便開始叫賣：「最新進口的阿根廷香蕉，南美風味，全城獨此一家，大家快來買呀！」當攤子前圍攏的一大堆人都舉棋不定時，鮑洛奇注意到一位年輕的小姐有點心動了。他立刻殷勤地將一根剝皮

的香蕉送到她手上，說：「小姐，請你嘗嘗，我敢保證，你從來沒有嘗過這樣美味的香蕉。」年輕的小姐一嘗，香蕉的風味果然獨特，價錢也不貴，而且鮑洛奇還一邊賣一邊不停地說：「只有這幾箱了。」於是，人們紛紛購買，18 箱香蕉很快銷售一空。

無獨有偶。有一年，市場預測表明：該年度的蘋果將供大於求。這使得眾多的蘋果供應商和行銷商暗暗叫苦，他們認定：自己必將蒙受損失。有一個聰明的人卻想出了一個好辦法：當蘋果還在樹上時，他就把自己剪好的「喜」、「福」、「吉」、「壽」等紙字貼在蘋果向陽的一面。由於貼了紙的地方陽光照射不到，蘋果上也就留下了痕跡──比如貼的是「喜」字，蘋果上也就有了清晰的「喜」字。

當別人還在愁自己的蘋果如何推銷時，這個聰明的人的蘋果卻早被搶購一空。

第二年，他的這一手，別人也都學會了，但是他的蘋果仍然賣得最火。原來，他的點子更絕：蘋果上不僅有字，而且還能鼓勵「青睞者」成系列購買，即他的蘋果可以組成一句甜美的祝福語：「祝您壽比南山」、「祝愛情甜蜜」、「永遠想念你」等等。於是，人們紛紛購買他的蘋果作為禮品送人。

第十二章　解決工作中的難題

在工作中，我們常常會遇到這樣或那樣的難題和困難，有的很容易解決，有的卻看起來很難。面對這樣的情況，有的人會知難而退，而有的人卻會積極地尋找解決的方法，而且往往結果不會讓他們失望。因為後一種人始終相信：方法總比問題多。

解決問題，不找藉口

在某企業的季度會議上 —— 行銷部經理說：「最近銷售情況不好我們有一定責任。但主要原因是，對手推出的新產品比我們的好。」

研發經理「認真」總結道：「最近推出的新產品少是由於財務部門削減了研發預算。」

財務經理馬上解釋道：「公司採購成本在上升，我們必須削減。」

這時，採購經理跳起來說：「採購成本上升了 10%，是由於俄羅斯一個生產鉻的礦山爆炸了，導致不鏽鋼價格急速攀升。」

於是，大家異口同聲地說：「原來如此。」言外之意便是：大家都沒有責任。

最後，總經理終於發言：「這樣說來，我只好去考核俄羅斯的礦山咯！」

解決問題，不找藉口

　　這樣的情景經常在不同企業上演著 —— 當工作出現困難時，每個人不是先找自身的問題，而是找藉口指責相關的人沒有配合好自己的工作。找到藉口的人，通常是想將自己的過失掩蓋掉，心理上得到暫時的平衡。但長此以往，因為有各種各樣的藉口可找，人們就會疏於努力，不再想方設法爭取成功，而把大量的時間和精力放在如何尋找一個合適的藉口上。在工作中，藉口是逃避做事責任、放鬆工作要求、縱容放任自己的理由。

　　傑出的員工富有開拓和創新精神，絕不會在沒有努力的情況下，就事先找好藉口。他們會想盡一切辦法完成公司交給自己的任務。條件再困難，他們也會創造條件；希望再渺茫，他們也能找出許多方法去解決。優秀的員工不管被派到哪裡，都不會無功而返。很多日本商界菁英都不給自己尋找藉口，而是找方法，這使日本企業的產品在世界上具有很強的競爭力。索尼的卯木肇就是這樣一位菁英。

> 　　1970 年代中期，日本的索尼彩電在日本已經很有名氣了，但是在美國卻不被顧客所接受，因而索尼在美國市場的銷量相當慘澹。但索尼公司沒有放棄美國市場。後來，卯木肇擔任了索尼國際部部長。上任不久，他就被派往芝加哥開拓美國市場。當卯木肇風塵僕僕地來到芝加哥時，卻發現索尼彩色電視竟然在當地的寄賣商店裡蒙滿了灰塵，無人問津。

第十二章　解決工作中的難題

　　如何才能改變這種狀況呢？卯木肇陷入了沉思⋯⋯

　　一天，卯木肇開車去郊外散心。在歸來的路上，他注意到一個牧童正趕著一頭大公牛進牛欄，而公牛的脖子上繫著一個鈴鐺，在夕陽的餘暉下叮噹叮噹地響著，後面的一群牛跟在這頭公牛的屁股後面，溫順地魚貫而入⋯⋯此情此景令卯木肇茅塞頓開。他想到如果索尼能在芝加哥找到這樣一個「帶頭牛」商店來率先銷售，豈不是很快就能打開局面？卯木肇為自己找到了打開美國市場的鑰匙而興奮不已。

　　卯木肇最先想到了芝加哥市最大的電器零售公司馬歇爾公司。為了盡快見到馬歇爾公司的總經理，卯木肇第二天很早就去求見，但他遞進去的名片卻被退了回來，原因是經理不在。第三天，他特意選了一個通常經理比較閒的時間去求見，但回答卻是「外出了」。他第三次登門，經理被他的誠心所感動，終於接見了他，但卻拒絕銷售索尼的產品。經理認為索尼的產品降價拍賣，形象太差。卯木肇非常恭敬地聽著經理的意見，並一再地表示要立即著手改善商品形象。

　　回去後，卯木肇立即從寄賣店取回貨品，取消削價銷售，在當地報紙上重新刊登大篇幅的廣告，重塑索尼形象。

　　當卯木肇再次叩響了馬歇爾公司總經理的門時，聽

到的卻是索尼的售後服務太差，無法銷售。卯木肇立即成立索尼特約維修部，全面負責產品的售後服務工作；重新刊登廣告，並附上特約維修部的電話和地址，註明24小時為顧客服務。

屢遭拒絕，卯木肇還是恆心不改。他讓公司的每名員工每天撥五次電話，向馬歇爾公司詢購索尼彩色電視。馬歇爾公司被接二連三的電話搞得暈頭轉向，以致員工誤將索尼彩色電視列入「待交貨名單」。這令馬歇爾公司的經理大為惱火。這一次他主動召見了卯木肇，一見面就大罵卯木肇擾亂了公司的正常工作秩序。卯木肇笑顏逐開，等經理發完火之後，他才對經理說：「我幾次來見您，一方面是為本公司的利益，但同時也是為了貴公司的利益。在日本國內最暢銷的索尼彩色電視，一定會成為馬歇爾公司的『搖錢樹』。」在卯木肇的巧言善辯下，這位經理終於同意試銷兩臺，不過條件是：如果一週之內賣不出去，立馬搬走。

為了開個好起頭，卯木肇親自挑選了兩名得力幹將，把百萬美元訂貨的重任交給了他們，並要求他們破釜沉舟，如果一週之內這兩臺彩電賣不出去，就不要再回公司了⋯⋯

兩人果然不負眾望，當天下午4點鐘，兩人就傳來了好消息。馬歇爾公司又追加了兩臺。至此，索尼彩電

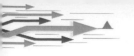

> 終於擠進了芝加哥「帶頭牛」商店。隨後,進入家電的銷售旺季,短短一個月內,索尼彩色電視竟賣出 100 多臺,索尼和馬歇爾從中獲得了雙贏。
>
> 有了馬歇爾這頭「帶頭牛」開路,芝加哥的 100 多家商店都對索尼彩色電視群起而銷之,不到三年,索尼彩色電視在芝加哥的市場占有率已達到了 30%。

卯木肇的成功經歷印證了這樣的一個事實:企業當中任何一名追求卓越的員工都是富有開拓精神和創新精神的人,他絕不會在沒有努力的情況下,就事先找好藉口,而是會想盡一切辦法完成公司交給自己的任務。

方法總比問題多

在一個企業裡最受歡迎的員工,是那些遇到問題會動腦筋去考慮問題解決問題的人。在任何時候,問題總是許多人逃避責任的第一個藉口。但是一名優秀的員工總是崇尚這樣的理念:不找藉口找方法,方法總比問題多!

> 一家公司的三名行銷員接到任務,到廟裡找和尚推銷梳子。第一名行銷員空手而歸,理由是廟裡的和尚都沒有頭髮,不需要梳子,所以一把也沒賣掉。第二名行銷員回來了,賣了十多把梳子,他告訴和尚,經常用梳

> 子梳頭，不僅止癢，還可以活絡血脈，有益健康。念經念累了，梳梳頭，頭腦會更清醒。第三名行銷員回來，銷掉了幾百把梳子。他說：「我到廟裡跟老和尚說，廟裡經常接受人家的捐贈，得有回報給人家，買梳子送給他們是最便宜的禮品。您在梳子上寫上廟的名字，再寫上「積善梳」的字樣，說可以保佑對方，這樣可以作為禮品儲備在那裡，誰來捐贈就送給他一把，這樣能夠保證廟裡香火更旺。這一下就推銷掉好幾百把梳子。」

可見，面對困難，超越自我，主動解決，是唯一的出路。辦法總比問題多。而自我限制是人生成功的最大障礙，阻止你前進的真正對手就是自己。聰明的員工，勇於面對問題，超越自我，積極地尋找解決問題的方法，以主動解決的幹勁，全力以赴攻克難關。優秀員工就像老鷹一樣在高空盤旋，注視四面八方，高瞻遠矚，而不會像鴨子一樣只能在水面上整天除了「嘎嘎」抱怨以外什麼都不做。

想辦法解決了問題，就是讓自己前進了一步。而那些以為繞過問題一樣可以達到目的的想法，最終往往被證明是徒費功夫的，最後還是得回到原來的問題上來，而這時再解決起來就已經失去了最好的時機，「聰明」反被「聰明」誤了。

面對一個個問題和困難，你是選擇辦還是不辦？這個選擇的背後，就是對利弊的權衡，對整體利益的考慮。如果想要達

第十二章　解決工作中的難題

到目標，那就只能選擇去辦，因為逃避是解決不了問題的。

　　有一次，卡內基租用紐約某家飯店的大舞廳，用來每季度舉辦一系列講座。

> 　　後來，卡內基突然接到通知，說他必須付出比以前高出三倍的租金。卡內基得到這個通知的時候，入場券已經印好，並且發出去了，而且所有的通告都已經公布了。
>
> 　　卡內基不想支付這筆增加的租金，也不想讓那些準備來聽講座的人認為他是一個言而無信的人，於是他決定和飯店經理協商好租金的問題。幾天之後，卡內基去見了飯店的經理。
>
> 　　「收到您的信，我有點吃驚。」卡內基開門見山地說，「但如果我是您，也可能發出一封類似的信。您身為飯店的經理，有責任盡可能地使收入增加。如果您不這樣做，您將會丟掉現在的工作。現在，我們拿出一張紙來，把您因此可能得到的利弊列出來。」
>
> 　　說完，卡內基從公事包裡取出一張紙，在中間劃了一條線，一邊寫著「利」，另一邊寫著「弊」。
>
> 　　「舞廳空下來，」卡內基在「利」的下面寫著，「您把舞廳租給別人開舞會或開大會是最划算的，這將比租給人家當講課場地能增加不少的收入。如果我把您的舞廳占用 20 個晚上來講課，您的收入當然就要少一些。但

是您不妨考慮一下弊的一面，如果您堅持增加租金，您不但不能從我這裡增加收入，反而會減少自己的收入。我因為無法支付您所要求的租金，所以只好被逼到另外的地方去開這些課。您還有一個損失，這些課程吸引了不少受過教育、修養高的聽眾到您的飯店來。這對您是一個很好的宣傳。即使您花費 5,000 美元在報上登廣告的話，也無法像我的這些課程能吸引這麼多的人來您的飯店。這對一家飯店來講，不是價值很大嗎？」

卡內基一面說，一面把這兩項壞處寫在「弊」的下面：「我希望您好好考慮自己可能得到的利弊，然後告訴我您的最後決定。」

第二天卡內基收到一封信，通知他租金只漲 50%，而不是 300%。

顯然，卡內基找到了解決問題的辦法，也因此達到了自己的目的。他權衡的結果是還在這家飯店舉行講座，所以，他必須找到辦法說服飯店經理。他採取了換位思考的方法，從飯店經理的角度，闡述了舉辦講座的利弊，這使飯店經理更加認清了利大於弊，自然接受了卡內基的建議。同樣，飯店經理也達到了自己漲租金的目的，儘管只漲了 50%，而不是 300%，但目的卻達到了，因為，他的目的是漲租金，只要漲了就可以了。至於具體的數目，當然是多多益善了。

也許會有很多因素左右你的決定，但起決定因素的還是你自己。只要你想去辦，就會想辦法一個一個解決掉這些困難，因為，辦法總比問題多！

換個角度來考慮和解決問題

在工作中，我們之所以常常在很簡單的事情上失敗，究其原因不是我們不聰明，而是沒有用心去思考、去探究，喜歡憑自己的經驗去思考問題、解決問題。或者說這都是經驗主義所形成的思維定勢惹的禍。所以，一個人要進步，必須衝破原有的經驗所形成的思維定勢。

一家規模不大的建築公司在為一棟新樓安裝電線。在一處地方，他們要把電線穿過一根 10 公尺長、但直徑卻只有 3 公分的管道，而且管道是砌在磚石裡，並且彎了四個彎。面對這種情況，就連非常有經驗的老工程師都感到束手無策，顯然，用常規的方法很難完成任務。最後，一個剛剛進入職場不久的青年工人想出了一個非常新穎的主意：他到市場上買來兩隻白老鼠，一公一母。然後，他把一根電線綁在公老鼠身上，並把牠放在管子的一端。另一名工作人員則把那隻母老鼠放到管子的另一端，並輕輕地捏牠，讓牠發出吱吱的叫聲。公老鼠聽到母老鼠的叫聲，便沿著管子跑去救牠。牠沿著管子跑，

身後的那根電線也被拖著跑。因此,工人們很容易就把那根電線的一端和另一處的電線連在了一起。就這樣,穿電線的難題順利地得到了解決。

在工作中,如果一味地用固定的思考模式,只能使生活、工作成為機械化的程序。很多人因為走不出思維定勢,所以也走不出宿命般的可悲結局;而一旦走出了思維定勢,也許可以看到許多別樣的人生風景,甚至可以創造新的奇蹟。因此,我們要擺脫固有的思維模式,換個角度來考慮問題。

日本的東芝電氣公司 1952 年前後曾一度積壓了大量的電扇賣不出去,7 萬名職工為了打開銷路,費盡心機,想盡了辦法,依然進展不大。

有一天,一名小職員向當時的董事長石板泰三提出了改變電扇顏色的建議。在當時,全世界的電扇都是黑色的,東芝公司生產的電扇自然也不例外。這名小職員建議把黑色改為淺色。這一建議引起了石板董事長的重視。經過研究,公司採納了這個建議。第二年夏天東芝公司推出了一批淺藍色電扇,大受顧客歡迎,市場上還掀起了一陣搶購熱潮,幾個月之內就賣出幾十萬臺,從此以後,在日本,以及全世界,電扇就不再是一副統一的黑色臉孔了。

第十二章　解決工作中的難題

　　這個實例具有很強的啟發性。只是改變了一下顏色，大量積壓滯銷的電扇在幾個月之內就銷售了幾十萬臺。這一改變顏色的設想所帶來效益竟如此巨大。可見，創新的重點在於找出新的改進方法。任何事情的成功，都是因為能找出把事情做得更好的辦法。

　　創新是人類社會進步的客觀要求，而要擺脫和突破常規思考方法的束縛，常常需要付出極大的努力。在工作中，員工必須擺脫慣有的思維定勢，變換一下做事的方法。正如當代著名趣味數學家馬丁・加德納所說的：有些問題動用傳統的常規方法理解確實很困難，但如果放開思路，打破常規，靈機一動，一切難題終將迎刃而解。

　　　為滿足市場需要，日本一家公司的科技人員開始設計一種新型的小型自動聚焦相機。所謂自動聚焦，就是相機要根據拍攝的對象，自動測量距離，然後，使鏡頭做出相對的調整，自動定好焦距。設計出這種相機有幾個必須達到的基本要求：小巧輕便，容易操作，而且成本要低廉。

　　　按照當時的技術水準和條件，在相機裡裝入電動機以後，體積就小不了，重量就輕不了，成本就很難降下來。如果要為它再去特別設計一種專用的超小型電動機，時間又很難保證。

　　設計人員為此大傷腦筋，想了很多辦法都行不通，設計工作長時間裹足不前。後來一名不是學電機專業的技術人員想到：自動聚焦需要的動力很小，而且距離很短，不用電動機，用彈簧行不行呢？這個突破了「必須用電動機驅動」這個「一定之規」的新設想提出以後，設計人員們沿著新的思路不斷進行探索和試驗，沒過多久，就相繼設計製成了一種又一種小型和超小型的自動聚焦相機。對這種給人們帶來了很大方便，連傻瓜也能使用的「傻瓜相機」，科技界給予了很高的評價，認為它代表了產品開發的一個新的重要方向 —— 傻瓜化，即「功能簡單化」、「易操作化」，同時也是「高智慧化」、「高科技化」。

　　人的思維容易受原有知識、經驗的束縛，有時會被這些知識和經驗淹沒。在工作中，我們要走出經驗的盲點，既不要把複雜的問題簡單化，也不要把簡單的問題人為地複雜化。遇到問題，要善於開動大腦，而不要陷在思維定勢的泥沼中浪費時間和精力，不妨換一個角度、換一個立場來看待問題，也許你會得到意想不到的答案。

第十二章　解決工作中的難題

創新總會幫你解決問題

有這樣一個故事：

> 一群老鼠為了躲避貓的捕捉，研發出了一種機械老鼠。每次出洞前，這些老鼠先放出機械老鼠，讓大花貓疲於奔命地去追趕，然後牠們才一個個鑽出洞來，大膽地去覓食。日子一天天地過去了，老鼠們慢慢習慣了沒有大花貓威脅的生活，每天只要放出機械老鼠之後，便大搖大擺地走出洞口，四處搬運食物。
>
> 有一天，這群老鼠還和往常一樣，放出機械老鼠後，又在洞中靜靜等待大花貓離去的腳步聲。過了一會，只聽得大花貓的腳步聲越來越遠，小老鼠便想走出洞去。可是大老鼠說：「等等，今天大花貓的腳步聲不大對勁，小心其中有詐！」
>
> 老鼠們又等了一會兒，洞外又傳來一陣陣狗叫聲。既然有狗在附近，那隻大花貓一定逃之夭夭了。老鼠們這才放心地鑽出洞口。哪想到大花貓居然還守在那裡，當牠們出來後，全落入大花貓的爪下，竟然無一倖免。大老鼠心中不服，掙扎地問大花貓：「我們明明聽見狗的叫聲，你怎麼還敢待在洞口？」大花貓笑著說：「你們都進步到會生產機械老鼠了，我不趕緊掌握幾門外語，就該失業了！」

　　老鼠研發機械老鼠是創新，大花貓學狗叫也是創新，真是「道高一尺，魔高一丈」。這小小的童話故事道出了社會生存競爭的激烈和創新的重要。今天，一個人在社會中生存，將以有無創新意識和創新能力來論成敗。

　　身為一名員工，你有沒有創新的能力，能不能透過創新給老闆創效益，這在很大程度上決定了你在公司的地位和你受尊敬的程度。如果你在任何時候都能創新，就會為公司、為自己創造意想不到的價值。

　　創新不是某些專業人士的專利，而是人人都可以做到的。它不因為你的學歷低就鄙視你，不因你的社會經驗少而不垂青你。你只要在工作中時常注意從不同角度、用不同方式去考慮和操作，在完善專業技能的同時也就是在創新了。

　　日本南極探險隊第一次準備在南極過冬，因此需要用運輸船把汽油運到越冬基地。由於準備不充分，在實地操作中探險隊員發現輸油管的長度根本不夠，一下子也找不出另外備用和可以替代使用的管子。若再從日本運來，還需要近兩個月的時間。怎麼辦？這下子所有隊員都想不出辦法。

　　這時候，隊長突然提出一個很奇特的設想，他說：「我們用冰來做管子吧。」雖然冰在南極是最豐富的東西，但對於怎樣使冰變成管狀這個問題，很多人還是糊

> 里糊塗的。隊長又說：「我們不是有醫療用的繃帶嗎？就把它纏在鐵管上，上面淋上水讓它結成冰，然後拔出鐵管，這不就成了冰管子了嗎，然後把它們一節一節連起來，要多長就有多長。」

隊長的聰明之處在於，突破原有的觀念，在已知的東西上進行了小小的改變和替代，製造出新的對象。

在工作中，許多人沒有比別人少流汗，沒有比別人少做事，但就是沒有得到老闆的賞識，一個重要的原因，就是沒有找到成功的突破口 —— 創新。

> 傑克森是美國實業界大名鼎鼎的人物。在未成名前，有一次，他帶領員工參加商品展銷會，令他感到懊惱的是，他被分配到一個極少有人光顧的偏僻角落。為他設計攤位的裝飾工程師勸他乾脆放棄這個攤位，認為在這種情況下進行醫藥展覽是不可能成功的，唯一的辦法只有等待來年再參加商品展銷會。
>
> 沉思良久，傑克森覺得自己若放棄這個機會實在太可惜，而這個不好的地理位置帶給他的厄運也不是不能化解的，關鍵就在於自己怎麼樣利用這不好的環境，使之變成這個展會的焦點。他覺得改變這種厄運需要一種創新的策略。可是怎樣才能出奇制勝呢？傑克森陷入了深深的思考。他想到了自己創業的艱辛，想到了展銷會

的組委會對自己的排斥和冷眼，想到了攤位的偏僻，在他心中突然想到了偏遠的非洲，自己就像非洲人一樣受到不應有的歧視。

第二天，傑克森走到自己的攤位前，心裡充滿悲哀又有些激憤，心想，既然你們把我看成非洲人，那我就給你們扮一回非洲人。於是一個充滿創造性的計畫產生了。

傑克森讓他的設計師把展位設計成一個阿拉伯古代宮殿式的氛圍，圍繞攤位布滿了具有濃郁的非洲風情的裝飾品，把攤位前的那一條荒涼的大路變成了金色的沙漠。他還安排一些員工穿上非洲人的服裝，並且專門從動物園租用了幾頭雙峰駱駝來運輸貨物，並派人訂做大批氣球，準備在展銷會上用。

展銷會還沒開幕，這個與眾不同的展位就引起了人們的好奇和注意。不少媒體都報導了這一新穎的設計，市民們都盼望開幕式盡快到來，好一睹為快。展銷會當天，傑克森揮揮手，頓時展廳裡升起無數的彩色氣球，氣球升空不久自行爆炸，落下無數的卡片，上面寫著：「當你拾起這小小的卡片時，親愛的女士和先生，您的運氣就開始了，我們衷心祝賀您。請到傑克森的展位，接受來自遙遠非洲的禮物。」這無數的碎片灑落在熱鬧的展銷會場，當然傑克森也因為這個奇特的設計與創新取得了巨大的成功。

第十二章　解決工作中的難題

　　有思考才會有創新，有創新才會有出路，有出路才會成功。世上每一次偉大的成功，都是從創新開始的。創新就像一位哲人所說的那樣：「你只要離開人們常走的大道，潛入森林，就可能會發現前所未有的東西。」同樣的道理，在工作中，一個小小的改變，只要能跳出傳統守舊的觀念，將自己思想方式巧妙地變一變，往往就會產生意想不到的效果。

想辦法解決工作中的難題

　　遇到困難勇往直前，主動去尋找方法解決問題的員工，是職場中的稀有資源，更是企業發展不可或缺的中堅力量。

　　　　福特汽車公司是美國創立最早、規模最大的汽車公司之一。1956 年，該公司推出了一款新車，儘管這款汽車式樣、功能都很好，價錢也不貴，但銷量平平，和公司當初設想的情況完全相反。

　　　　公司的管理人員絞盡腦汁也找不到讓這款新車暢銷的方法。這時，在福特汽車公司裡，一個剛剛畢業的大學生艾科卡（Lee Iacocca），卻對這個問題產生了濃厚的興趣。

　　　　當時艾科卡是福特汽車公司的一名見習工程師，本來與汽車的銷售毫無關係。但是，看到公司老闆因為這款新車滯銷而著急的神情，他開始不停地思索：「我能不

能想辦法讓這款汽車暢銷起來呢？」終於有一天，他靈光一閃，於是來到總經理辦公室，向總經理提出了一個新的創意：「我們應該在報上刊登廣告，內容為：花56美元買一輛56型福特。」即：誰想買一輛1956年生產的福特汽車，只需先付20%的購車款，剩餘的部分可按每月付56美元的辦法分期付款。

艾科卡的建議得到了採納。「花56美元買一輛56型福特」的廣告引起了人們極大的興趣。

因為「花56美元買一輛56型福特」的這種宣傳，不但打消了很多人對車價的顧慮，還給他們留下了「每個月才花56美元就可以買輛車，實在是太划算了」的印象。

短短的三個月，該款汽車在費城地區的銷售量從原來的末位一躍成為冠軍。

而艾科卡很快受到了公司的賞識，總部將他調到華盛頓，並委任他為地區經理。

後來，艾科卡不斷地根據公司的發展趨勢，推出了一系列富有創意的方法，最終脫穎而出，坐上了福特公司總裁的寶座。

在工作中主動去想辦法解決問題的員工最容易脫穎而出，也最容易得到公司的認可！

第十二章　解決工作中的難題

　　年輕的鐵路郵差佛爾曾經和其他郵差一樣，都用陳舊的方法分發信件，這樣往往使許多信件被耽誤幾天或更長的時間。佛爾想盡辦法去改變這種現狀。經過努力，他發明了一種把信件集合寄遞的方法，極大地提高了信件的投遞速度。

　　佛爾一路升遷了，多年之後，最後升任為美國電話電報公司的總經理。

　　在工作中，當很多人都認為工作只需要按部就班做下去的時候，偏偏有一些人，會主動尋找更有效的方法，將問題解決得更好。也正因為他們善於主動地去尋找方法，所以他們也常常最容易獲得成功。

想辦法解決工作中的難題

電子書購買

國家圖書館出版品預行編目資料

善用公司資源，創造職場競爭力：不知道！做
不到！沒想到！抱著危險工作態度卻毫無危機
意識的你，距離失去工作的日子不遠了 / 康昱
生，鄭一群編著 . -- 第一版 . -- 臺北市：財經錢
線文化事業有限公司 , 2022.09
　　面；　公分
POD 版
ISBN 978-957-680-516-5(平裝)
1.CST: 職場成功法
494.35　　111013986

善用公司資源，創造職場競爭力：不知道！做不到！沒想到！抱著危險工作態度卻毫無危機意識的你，距離失去工作的日子不遠了

臉書

編　　　著：康昱生，鄭一群
發 行 人：黃振庭
出 版 者：財經錢線文化事業有限公司
發 行 者：財經錢線文化事業有限公司
E - m a i l：sonbookservice@gmail.com
粉 絲 頁：https://www.facebook.com/sonbookss/
網　　　址：https://sonbook.net/
地　　　址：台北市中正區重慶南路一段六十一號八樓 815 室
Rm. 815, 8F., No.61, Sec. 1, Chongqing S. Rd., Zhongzheng Dist., Taipei City 100,
Taiwan
電　　　話：(02) 2370-3310　　　傳　　　真：(02) 2388-1990
印　　　刷：京峯彩色印刷有限公司（京峰數位）
律師顧問：廣華律師事務所 張珮琦律師

定　　　價：420 元
發 行 日 期：2022 年 09 月第一版
◎本書以 POD 印製